21世纪普通高校计算机公共课程规划教材

计算机组装与维护
（第3版）

王中生　主编

陈国绍　高加琼　副主编

U0283865

清华大学出版社

北京

内 容 简 介

本书根据应用型本科计算机科学与技术专业的培养目标、特点和要求,详细介绍最新计算机系统的组件,包括主板、CPU、内存、显卡、外设、机箱、电源等的组成及工作原理与基本性能参数;全面讲解了计算机的硬件选购、组装、维护保养以及 BIOS 设置、系统性能优化、主流操作系统的安装、调试和常见注意事项等内容。

本书内容新颖,图文并茂,着重介绍最新的产品和技术,面向实践与应用,适合作为高等院校、高职高专计算机及相关专业计算机组装与维护课程的教材,也可作为从事计算机组装与维护技术人员的参考书。

图书在版编目(CIP)数据

计算机组装与维护/王中生主编. —3 版. —北京:清华大学出版社,2015(2022.8重印)
21 世纪普通高校计算机公共课程规划教材
ISBN 978-7-302-40971-7

Ⅰ. ①计… Ⅱ. ①王… Ⅲ. ①电子计算机-组装-高等学校-教材 ②计算机维护-高等学校-教材 Ⅳ. ①TP30

中国版本图书馆 CIP 数据核字(2015)第 166796 号

责任编辑:郑寅堃   赵晓宁
封面设计:何凤霞
责任校对:白 蕾
责任印制:丛怀宇

出版发行:清华大学出版社
    网 址:http://www.tup.com.cn,http://www.wqbook.com
    地 址:北京清华大学学研大厦 A 座   邮 编:100084
    社 总 机:010-83470000   邮 购:010-62786544
    投稿与读者服务:010-62776969,c-service@tup.tsinghua.edu.cn
    质量反馈:010-62772015,zhiliang@tup.tsinghua.edu.cn
    课件下载:http://www.tup.com.cn,010-83470236

印 装 者:北京富博印刷有限公司
经 销:全国新华书店
开 本:185mm×260mm   印 张:14.25   字 数:341 千字
版 次:2007 年 7 月第 1 版 2015 年 10 月第 3 版 印 次:2022 年 8 月第 7 次印刷
印 数:11001~11800
定 价:39.00元

产品编号:064938-02

出 版 说 明

随着我国改革开放的进一步深化,高等教育也得到了快速发展,各地高校紧密结合地方经济建设发展需要,科学运用市场调节机制,加大了使用信息科学等现代科学技术提升、改造传统学科专业的投入力度,通过教育改革合理调整和配置了教育资源,优化了传统学科专业,积极为地方经济建设输送人才,为我国经济社会的快速、健康和可持续发展以及高等教育自身的改革发展做出了巨大贡献。但是,高等教育质量还需要进一步提高以适应经济社会发展的需要,不少高校的专业设置和结构不尽合理,教师队伍整体素质亟待提高,人才培养模式、教学内容和方法需要进一步转变,学生的实践能力和创新精神亟待加强。

教育部一直十分重视高等教育质量工作。2007 年 1 月,教育部下发了《关于实施高等学校本科教学质量与教学改革工程的意见》,计划实施“高等学校本科教学质量与教学改革工程(简称‘质量工程’)”,通过专业结构调整、课程教材建设、实践教学改革、教学团队建设等多项内容,进一步深化高等学校教学改革,提高人才培养的能力和水平,更好地满足经济社会发展对高素质人才的需要。在贯彻和落实教育部“质量工程”的过程中,各地高校发挥师资力量强、办学经验丰富、教学资源充裕等优势,对其特色专业及特色课程(群)加以规划、整理和总结,更新教学内容、改革课程体系,建设了一大批内容新、体系新、方法新、手段新的特色课程。在此基础上,经教育部相关教学指导委员会专家的指导和建议,清华大学出版社在多个领域精选各高校的特色课程,分别规划出版系列教材,以配合“质量工程”的实施,满足各高校教学质量和教学改革的需要。

本系列教材立足于计算机公共课程领域,以公共基础课为主、专业基础课为辅,横向满足高校多层次教学的需要。在规划过程中体现了如下一些基本原则和特点。

(1)面向多层次、多学科专业,强调计算机在各专业中的应用。教材内容坚持基本理论适度,反映各层次对基本理论和原理的需求,同时加强实践和应用环节。

(2)反映教学需要,促进教学发展。教材要适应多样化的教学需要,正确把握教学内容和课程体系的改革方向,在选择教材内容和编写体系时注意体现素质教育、创新能力与实践能力的培养,为学生知识、能力、素质协调发展创造条件。

(3)实施精品战略,突出重点,保证质量。规划教材把重点放在公共基础课和专业基础课的教材建设上;特别注意选择并安排一部分原来基础比较好的优秀教材或讲义修订再版,逐步形成精品教材;提倡并鼓励编写体现教学质量和教学改革成果的教材。

(4)主张一纲多本,合理配套。基础课和专业基础课教材配套,同一门课程有针对不同层次、面向不同专业的多本具有各自内容特点的教材。处理好教材统一性与多样化,基本教材与辅助教材、教学参考书,文字教材与软件教材的关系,实现教材系列资源配套。

(5)依靠专家,择优选用。在制定教材规划时要依靠各课程专家在调查研究本课程教材建设现状的基础上提出规划选题。在落实主编人选时,要引入竞争机制,通过申报、评审确定主题。书稿完成后要认真实行审稿程序,确保出书质量。

　　繁荣教材出版事业,提高教材质量的关键是教师。建立一支高水平教材编写梯队才能保证教材的编写质量和建设力度,希望有志于教材建设的教师能够加入到我们的编写队伍中来。

21 世纪普通高校计算机公共课程规划教材编委会

联系人:魏江江 weijj@tup.tsinghua.edu.cn

前　言

随着我国高等职业教育事业的蓬勃发展，以应用型人才为主要培养对象的高等教育得到了迅猛的发展，该类人才将是我国各行各业建设的主力军，对这类学生的教育受到国家的大力倡导和高度重视，传统教育和教学的改革势在必行。经过我们多年的教学实践检验，以应用性、实践性为主的教材是教育改革的首要工作，只有在具有较完备教材体系的指导下，才能培养出适合我国经济建设的合格人才，这也是我们编写该套系列教材的宗旨和出发点。

本书是为了适应最新的微型计算机组装与维护课程的教学需要而编写。全书共分13章，全面介绍了组成微型计算机系统的各种常见部件和外部设备，如主板、CUP、内部存储器、外部存储设备、输入和输出设备、音箱、打印机等的工作原理、主要类型、性能指标等，介绍了选购、使用和维护这些设备的方法。

本书编写的原则是着眼于实用，注重发展，力求在内容上反映现代科技的新成果及新技术，重视反映本专业的新知识、新技术、新方法和新趋势，既照顾当前教学的实际，又考虑未来发展的需要；同时既加强了对组装与维护方面的理论知识和技术的学习，又注意针对计算机工作岗位的职业能力培养。

本书是在清华大学出版社"21世纪普通高校计算机公共课程规划教材编委会"的统一部署下，并在出版社计算机事业部领导的亲切指导关怀下完成的。本书由王中生任主编、陈国绍和高加琼任副主编。王中生编写第1～4章，陈国绍编写第5～8章，高加琼编写第9～12章，黄动力、尚晓、韩康、周书风等参与部分章节的素材收集与整理工作。本书由王毅担任主审。

本教材在编写过程中，得到了许多高校基础课部、基础教研室老师的关心和帮助，并提出许多宝贵的修改意见，对于他们的关心、帮助和支持，编者在此表示感谢。

由于时间仓促，编者水平有限，书中错误之处在所难免，希望读者不吝指正。为方便教学，本书配有电子教案，需要者请与出版社或编者联系，免费索取。联系邮箱为 wzhsh1681@163.com。

编　者

2015 年 7 月

目 录

X

第1章　微型计算机组成

【教学目标】

（1）了解微型计算机的发展历史和基础知识。

（2）理解微型计算机的组成结构和各部件的作用。

【主要教学内容】

（1）学习微型计算机系统的组装、维护和维修，首先必须了解并掌握计算机所涉及的基本知识和与微型计算机系统相关的基本概念。

（2）计算机是由实现各种功能的标准化部件组成的，因此了解计算机各组成部件的结构和功能，可以更好地使用、安装、维护和维修微型计算机，让计算机在人们的工作、生活、学习和娱乐中发挥更大的作用。

1.1　微型计算机的发展

世界上第一台数字电子计算机 ENIAC 于 1946 年诞生于美国宾夕法尼亚大学。此后，电子计算机随着主要部件的发展，先后经历了电子管、晶体管、小规模集成电路、大规模和超大规模集成电路 4 个阶段的发展过程。

到了 20 世纪 70 年代，随着半导体集成电路技术的迅速发展，大规模和超大规模集成电路技术的应用，出现了微处理器（MPU）、大容量半导体存储器芯片和各种通用的或专用的可编程接口电路，诞生了新一代的电子计算机——微型计算机（Micro Computer），在微型计算机上配置各种外部设备和系统软件，就形成了目前在市场上看到的微型计算机系统。微型计算机也称为个人计算机、微机或电脑。

微型计算机系统发展历程如表 1.1 所示。

表 1.1　各代计算机发展的典型参数

起始年代	CPU	字长/位	内存容量/B	工作频率/Hz	硬盘/B	总　　线	显示器	操作系统
1981	8088	16	64K～1M	4.77～10M	10M	PC	单色文本	DOS 1.0
1984	80286	16	1～2M	20M	20M	ISA	EGA	DOS 3.0
1987	80386	32	4M	33M	20M	ISA	VGA 单色	DOS 3.3
1989	80486	32	4～16M	100M	190M	EISA	16BitVGA	DOS 3.31
1993	Pentium MMX	32	16～32M	233M	540M～1G	ISA/PCI	VGA	DOS Windows 3.1

续表

起始 年代	CPU	字长 /位	内存 容量/B	工作 频率/Hz	硬盘/B	总　　线	显示器	操作系统
1997	PⅡ		32M/64M	400M				Windows 98
1999	PⅢ	32	256M	1.10G	10~80G	PCI/AGP	SVGA	Windows 98se
2000	PⅣ		512M	3.0G				Windows 2000/XP
2003	Athlon64	64	512~ 1024M	2.2G	120~200G	PCI-Express	SVGA	Windows XP 64
2005	Core 2 duo Athlon 64×2	64	1~2G	2.7G	160~500G	PCI-Express	LCD	Windows XP 64
2014	Core I7	64	2~8G	3.5G	500G~1T	PCI-Express	LCD	Windows 7

微型计算机具有体积小、价格低、使用方便、可靠性高等优点,因此广泛用于工业、农业、国防、科技、教育和商业管理等领域,给人们的生活带来了巨大的变化。

计算机是一种能够按照指令对各种数据和信息进行自动加工与处理的电子设备。它的出现和广泛应用把人类从繁重的脑力劳动和体力劳动中解放出来,在社会各个领域中提高了信息的收集、处理和传播的速度与准确性,直接加快了人类向信息化社会迈进的步伐,是科学技术发展史上的里程碑。

1.2　微型计算机系统组成

从系统组成上看,一个完整的计算机系统包括硬件系统和软件系统两部分。计算机硬件系统是指那些由电子元器件和机械装置组成的“硬”设备,如键盘、显示器、主板、电源等,它们是计算机能够工作的物质基础。计算机软件系统是指那些能在硬件设备上运行的各种程序、数据和有关的技术资料,如 Windows 系统、数据库管理系统、Office 软件等。

1.2.1　硬件系统

从第一台电子计算机 ENIAC 到当前最先进的计算机都采用的是冯·诺依曼体系结构。1945 年 6 月,冯·诺依曼提出了在数字计算机内部的存储器中存放程序的概念(Stored Program Concept),这是所有现代电子计算机的范式,被称为“冯·诺依曼结构”。按这一结构设计制造的计算机称为存储程序计算机(Stored Program Computer),又称为通用计算机。这种计算机主要由运算器、控制器、存储器和输入输出设备组成。它的特点是:程序以二进制代码的形式存放在存储器中;所有的指令都是由操作码和地址码组成;指令在其存储过程中按照执行的顺序,以运算器和控制器作为计算机结构的中心等。典型微机硬件系统的结构框图如图 1.1 所示。

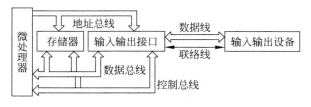

图 1.1　微型计算机基本系统结构

从上面框图可以看出,计算机硬件系统包括微处理器(也称为中央处理器CPU)、存储器、输入输出接口和输入输出设备等部件组成,各个部件之间通过总线相连,构成一个有机的整体。

1. 中央处理器(微处理器)

中央处理器(Central Processing Unit,CPU)是一块超大规模的集成电路,它是计算机的运算核心(Core)和控制核心(Control Unit)。其基本功能是进行数据的算术运算和逻辑运算,暂存少量数据并控制和指挥其他部件协调一致的工作。

2. 存储器

存储器的主要功能是存放程序和数据。程序是计算机操作的依据,数据是计算机操作的对象。为了实现自动计算,各种信息必须预先存放在计算机内的某个地方,这个地方就是存储器。

构成存储器的存储介质,目前主要采用半导体器件和磁性材料。存储器中最小的存储单位就是一个双稳态半导体电路或一个CMOS晶体管或磁性材料的存储元,称为"位"(bit,b),它可存储一个二进制代码。由若干个存储单元组成一个存储单元,称为"字节"(Byte,B),然后再由许多存储单元组成一个存储器。

微型计算机的内存储器采用集成度高、容量大、体积小、功耗低的半导体存储器。内存储器根据信息存取方式不同分为随机读写存储器(RAM)和只读存储器(ROM)两类。

3. 输入输出(I/O)设备

1) 输入设备

输入设备(Input Device)是向计算机系统输入数据和信息的设备,是计算机与用户或其他设备通信的桥梁。它是用户和计算机系统之间进行信息交换的主要装置之一。键盘、鼠标、摄像头、扫描仪、光笔、手写输入板、游戏杆、语音输入装置等都属于输入设备是人或外部世界与计算机进行交互的一种装置,用于把原始数据和处理这些数据的程序输入到计算机中。

现在的计算机能够接收各种各样的数据,既可以是数值型的数据,也可以是各种非数值型的数据,如图形、图像、声音等都可以通过不同类型的输入设备输入到计算机中,进行存储、处理和输出。

2) 输出设备

输出设备(Output Device)是人与计算机交互的一种部件,用于数据的输出。它把各种计算结果、数据或信息以数字、字符、图像、声音等形式表示出来。常见的有显示器、打印机、绘图仪、影像输出系统、语音输出系统、磁记录设备等。

4. 总线

总线是一组公共的信息传输线,用以连接计算机的各个部件。总线把中央处理器、存储器和I/O设备连接起来,用来传输各部件之间的通信信息。微型计算机总线按功能可分为地址总线、数据总线和控制总线,三者特点分别如下。

1) 数据总线(Data Bus)

数据总线用于各部件之间传输数据信息,数据可分时向两个方向传送,属于双向总线。

2) 地址总线(Address Bus)

地址总线用于传输通信所需的地址,用以指明数据的来源,是单向总线。

3) 控制总线(Control Bus)

控制总线用于传送 CPU 对存储器或输入输出设备(I/O 设备)的控制命令和输入输出设备(I/O 设备)对 CPU 的请求信号,使微型计算机各部件能协调工作。

微型计算机采用标准总线结构,使整个系统中各部件之间相互关系变为面向总线的单一关系;凡符合总线标准的功能部件和设备可以互换和互连,提高了微机系统的通用性和可扩充性。

1.2.2 软件系统

软件系统包括系统软件和应用软件两部分。

1. 系统软件

系统软件是指管理、监控和维护计算机资源(包括硬件和软件)的软件。常见的系统软件有操作系统、各种语言处理程序以及各种工具软件等。常用操作系统有 DOS、Windows、Mac OS(苹果 Macintosh 系列电脑专用)、UNIX 和 Linux 等。

2. 应用软件

应用软件是指除了系统软件以外的所有软件,是用户利用计算机及其提供的系统软件为解决各种实际问题而编制的计算机程序。

常见的应用软件有以下几种:

(1) 各种信息管理软件。

(2) 办公自动化系统。

(3) 各种文字处理软件。

(4) 各种辅助设计软件以及辅助教学软件。

(5) 各种软件包,如数值计算程序库、图形软件包等。

软件系统结构如图 1.2 所示。

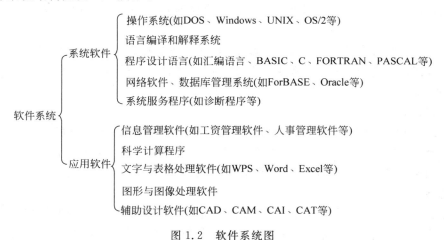

图 1.2 软件系统图

1.3 微型计算机的性能指标

微型计算机的性能指标是对微机的综合评价。在计算机科学技术发展过程中,人们概括出字长、主频、内存容量、运算速度和存取周期等几个主要性能指标。

1. 字长

字长是计算机内部一次可以处理二进制数据的位数,如 CPU 字长为 32 位或 64 位。字长越长,一个字所能表示的数据精度就越高;在完成同样精度运算时,计算机一次处理数据的能力就越高。然而,字长越长,计算机所付出的硬件代价也相应增加。

2. 主频

CPU 工作频率也叫时钟频率,用来表示 CPU 的运行速度,单位是 Hz。CPU 的主频＝外频×倍频系数。CPU 的主频表示在 CPU 内数字脉冲信号振荡的速度,是反映 CPU 运算速度的一个因素。通常对于同结构的 CPU,频率越高速度越快。除此以外,CPU 的运算速度还和 CPU 结构有关。时钟频率只是 CPU 性能表现的一个方面,而不代表 CPU 的整体性能。

3. 存储器容量

存储器容量是衡量计算机存储二进制信息量大小的一个重要指标。微型计算机中一般以字节 Byte(1B＝8b)为单位表示存储容量,1bit 可以存储一个 0 或一个 1。并且 1KB＝1024B,1MB＝1024KB,1GB＝1024MB,1TB＝1024GB。目前市场的内存条容量为 1GB、2GB、4GB、8GB 等,硬盘容量为 120GB、160GB、200GB、500GB、1TB 等。

4. 运算速度

计算机的运算速度一般用每秒钟所能执行的指令条数表示,单位是百万指令/秒(MIPS),运算速度越快性能越高。

5. 存取周期

存取周期是内存储器完成一次完整的读或写操作所需的时间。它是影响计算机速度的一个技术指标。单位为纳秒(ns)。

6. 外设扩展能力

外设扩展能力主要是指计算机系统配置各种外部设备的可能性、灵活性和适应性。一台计算机允许配接多少外部设备,对于系统接口和软件研制都有重大影响。

7. 软件配置情况

软件是计算机系统必不可少的重要组成部分,配置是否齐全、功能是否强大和方便适用等,直接关系到计算机性能的好坏和效率的高低。

以上前 5 个指标主要是用来说明主机的性能,在实际的计算机应用中,人们在上面指标中选取字长、内存容量、主频这 3 个指标,再加上重要外部设备的指标,形成一个综合说明的指标体系。例如,某微型计算机是 CPU i7 3.7GHz、内存 4GB、1TB 的硬盘、一个 52 倍速光驱、21 吋显示器分辨率 1920×1024,软件配有 Windows 7、Office 2010 等。在特殊应用场合下,人们更关心微机配置中的专项功能,如主要用来处理声音信号的用户,对声卡的性能很关心;进行动画设计的用户,对显卡和显示器性能很关心等。

1.4　微型计算机的使用

计算机是一个精密设备,规范地使用微机,是对每一位微机使用者的基本要求,也是微机系统的维护基础。

1. 开机注意事项

(1) 开机时,应先开外部设备再开主机。

(2) 关机时,应先关主机再关外部设备。

在外设的开关过程中,造成电源电压的瞬间冲击,有可能导致正在运行的主机死机或重启等。遵循以上开关机顺序,主机可以避免不必要的电源冲击。

2. 运行时的保养和维护

(1) 开机时,不要移动主机和显示器。必须移动时首先关机并把电源插头拔下。

(2) 发现系统有火星、异味、冒烟时应立即切断系统电源,故障排除后方可启动计算机。必要时,求助专业维修人员。

(3) 发现计算机有异常响声、过热等现象时,应设法找到原因,排除后方可使用。

3. 其他维护注意事项

(1) 计算机外设不应接得太多,否则将影响计算机运行的速度。

(2) 打印机、扫描仪、调制解调器等外设不使用时,不要将其电源打开,以节约能源。

(3) 各种外设的连接路线摆放整齐规范,避免引起故障。

(4) 不使用时,机器散热后用防尘罩盖上。

(5) 定期对键盘和鼠标消毒清洁,避免细菌滋生。

思 考 题

1. 拆开一台微机,了解机箱内部的结构和组成部件。

2. 观察机箱内部各部件的连接方法。

3. 从外部观察了解微机的接口和设备。

4. 到市场上了解各种主流配件的性能和结构。

5. 简述微机使用的注意事项。

第 2 章　　主　板

【教学目标】
(1) 了解主板的基本知识和主板结构。
(2) 理解主板的性能指标和工作原理。
(3) 掌握主板选购的方法和故障维修相关事项。
【主要教学内容】
(1) 主板是计算机主机中最大的一块电路板,是计算机硬件运行的平台和基础,它为CPU、内存及各种功能卡提供安装插槽(座);为各种存储设备、I/O 设备提供接口。计算机通过主板将各种硬件和设备结合起来形成一个完整的系统。
(2) 本部分主要介绍主板的结构、分类、技术指标以及相关的选购方法及维护注意事项。

2.1　主 板 类 型

主板,又叫母板,安装在机箱内,是计算机最基本的也是最重要的部件之一,在整个计算机系统中扮演着举足轻重的角色,其类型也影响着其他硬件设备的类型。目前,按照不同的分类方式,可以对主板进行如下几种方式的划分。

2.1.1　按 CPU 接口类型划分

由于不同 CPU 在接口和电器特性等方面的差别,不同主板所支持的 CPU 也不相同。

1. 基于 Intel 平台的 CPU 接口

1) LGA 1156 接口

LGA 1156 接口也叫 Socket H 接口,对应 Nehalem 架构 Core i7/i5/i3 处理器采用 LGA1156 封装,必须采用 LGA1156 接口的主板,这些主板多数采用 Intel P55,Intel H57 主芯片,如图 2.1 所示。

2) LGA 1155 接口

对应 Sandy Bridge 和 Ivy Bridge 构架 Corei7/i5/i3 处理器采用 LGA 1155 封装,也采用 LGA 1155 接口的主板,这些主板采用的主芯片有 Intel H61,Intel B75 等,并且 LGA 1156 和 LGA 1155 互不兼容,如图 2.2 所示。

3) LGA 1150 接口

对应四代 CPU 搭载 8 系列主板和 Haswell 构架的 corei7/i5/i3 以及至强 E3 处理器都采用 LGA1150 封装,故也须采用 LGA1150 接口的主板,这些主板采用的主芯片有 IntelB85、IntelH87 等,并且 LGA1150 和 LGA1155 互不兼容,如图 2.3 所示。

图 2.1　LGA 1156 接口

图 2.2　LGA 1155 接口

2. 基于 AMD 平台的 CPU 接口

1) Socket AM3/Socket AM3＋接口

Socket AM3 接口是 AMD 公司于 2009 年 2 月推出的接口标准,具有 940 个插孔,但只有其中 938 个是激活的,可用于多款 AMD 处理器,包括 Sempron Ⅱ、Athlon Ⅱ 以及 Phenom Ⅱ系列,如图 2.4 所示。

图 2.3　LGA 1150 接口

图 2.4　Socket AM3 接口

Socket AM3＋接口是 AMD 公司于 2011 年 10 月推出的接口标准,具有 942 个插孔,但只有其中 940 个是激活的,可用于 AMD FX 系列的处理器。

Socket AM3＋可以和 Socket AM3 兼容,AM3 CPU 可以在 AM3＋主板上运行,AM3＋CPU 亦可在 AM3 主板上运行,但供电可能不足,会导致效能受限。为了区分两者,将 AM3＋做成黑色区别于 AM3 的白色,如图 2.5 所示。

2) Socket FM1

Socket FM1 是 AMD 公司于 2011 年 6 月所发表研发代号为 Llano 的新处理器,应用于台式机的 CPU 插槽,针脚有 905 个。主板采用 AMD A55/A75 芯片,如图 2.6 所示。

3) Socket FM2 接口

Socket FM2 是 AMDTrinityAPU 桌面平台的 CPU 插座。对于 A75,A55,可以与 TrinityAPU 兼容,但是要使用 Socket FM2 接口,不兼容 FM3,但是它向后兼容。主板采用

A55/A75/A85 芯片，如图 2.7 所示。

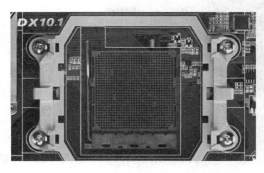
图 2.5　Socket AM3＋接口

图 2.6　Socket FM1 接口

4）Socket FM2＋接口

Socket FM2＋是 AMD 最新的桌面平台 CPU 接口，适用于代号 Kaveri 的第三代 APU，并向前兼容于代号 Trinity 的第二代 APU。相比 Socket FM2，FM2＋多了两支针脚，支援 PCIe 3.0 及统一寻址空间。FM2＋兼容 FM2，但是并不像 AM3＋完全兼容 AM3 那样，只是部分兼容。主板采用 A88/A78/A55 等芯片，如图 2.8 所示。

图 2.7　Socket FM2 接口

图 2.8　Socket FM2＋接口

2.1.2　按主板结构分类

根据主板设计结构的不同，可以将主板产品分为以下几种类型。

1. ATX 主板

ATX（Advanced Technology Extended），译为 ATX 结构或 ATX 主板标准。是 Intel 公司在 1995 年提出的新型主板结构，是第一次计算机机壳与主板设计的重大改变，得到了世界主要主板厂商的支持。

ATX 结构特点主要是：全面改善了硬件的安装、拆卸和使用；全面降低了系统的造价；改善了系统通风设计；降低了电磁干扰，机内空间更加简洁。ATX 主板外观如图 2.9 所示。

2. Micro ATX 主板

Micro ATX 又称 Mini ATX，是 ATX 结构的简化版，就是常说的"小板"，特点是具有

图 2.9　ATX 主板

更小的主板尺寸、更低的功耗以及更低的成本。该主板可以使用的 I/O 扩展插槽较少,最多只支持 4 个扩充槽,如图 2.10 所示。

3. BTX 主板

随着计算机的进一步发展,ATX 规范逐渐显现一些不足。特别是随着 Serial ATA 和 PCI Express 等新技术、新总线的出现,ATX 架构在散热性能、抗信号干扰、噪声控制等方面的表现已经很难让用户满意,于是 BTX(Balance Technology Extended)应运而生。

BTX 结构的主板支持窄板设计,系统结构更加紧凑。该结构主板根据散热和气流运动特点,对主板线路布局进行了优化,其安装更加简单,机械性能更好。

4. E-ATX 主板

E-ATX 主板尺寸为 305mm×330mm,大多支持两个以上 CPU,多用于高性能工作站或服务器,应使用专用的服务器机箱电源。主板外观如图 2.11 所示。

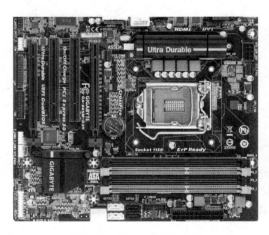

图 2.10　Micro ATX 主板

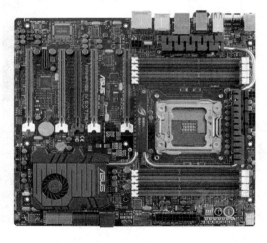

图 2.11　E-ATX 主板

2.2　主板组成结构

主板是计算机内最大的一块印刷电路板,表面分布着 CPU 插槽、内存插槽、BIOS 芯片、I/O 控制芯片、键盘鼠标接口、电源供电插座以及 CPU 插槽等多种元器件,如图 2.12 所示。

图 2.12　技嘉 GA-B85-HD

下面介绍该主板的一些新技术。

（1）注重电源供电效率。

Intel 公司在新一代处理器上集成了 VRM（Voltage Regulator Module）电压调节模块，它可以变换调节供应电压，可以在主板中换装不同电压的处理器。

（2）Hi-Fi 音频。

随着消费者对计算机音频品质的不断追求，主板音频部分的重要性逐渐被厂商所重视。在音频发展过程中，映泰公司提出了 PC Hi-Fi；华硕、技嘉、微星等公司应用了 Realtek 的高规格音效芯片；除此之外，技嘉公司还推出了拥有独立供电的数字音频输出接口 USB DAC，通过该接口可将纯净的数字信号输出到专业的音频设备上，从而真正实现了 PC Hi-Fi 的理念。

2.2.1　CPU 插座

CPU 需要通过某个接口与主板连接才能进行工作。CPU 经过多年的发展，采用的接口方式有引脚式、卡式、触点式、针脚式等。不同类型的 CPU 具有不同的 CPU 插槽，因此选择 CPU，就必须选择带有与之对应的插槽类型的主板。不同类型的主板 CPU 插槽，在插孔数、体积、形状方面都有变化，所以不能互相替换。目前 CPU 插槽类型主要分为 LGA 触点式基座和 AM2 针脚式插座两种形式。LGA 触点式基座的主板主要用于 Intel 的 CPU，AM2 针脚式插座的主板主要用于 AMD 的 CPU。

LGA（Land Grid Array），针脚改成弹性针脚位于 CPU 插座上，处理器上仅有接触点。现在 Intel 公司主要的 PC 处理器使用的是 LGA 构架。ZIF（Zero Insertion Force），即零插入施力，不会轻易损坏 CPU 针脚且容易安装，AMD 公司的大部分 PC 处理器多数使用 ZIG 构架，部分产品改成 LGA 构架。

表 2.1 给出部分处理器插座和插槽类型。

表 2.1　部分处理器插座和插槽列表

插座名称	年份	支持的 CPU	封装形式	针脚数	备　注
LGA 1156	2010	Intel Corei7/i5/i3 等	LGA	1156	替代 LGA 775
Socket AM3	2009	AMD Phenom Ⅱ 等	PGA	1974	替代 Socket F
LGA 1155	2011	Intel Sandy/Ivy Bridge	LGA	1155	Sandy Bridge 支持 20 条,PCIe 2.0 总线；Ivy Bridge 支持 40 条 PCIe 3.0 总线
Socket AM3＋	2011	AMD Phenom Ⅱ 等	PGA	942	
LGA 1150	2013	Intel Haswell	LGA	1150	
Socket FM2＋	2014	AMD Kaveri Processors	PGA	906	使用于第四代 APU

2.2.2　内存插槽

内存插槽是指主板上所采用的内部存储器类型和数量。主板所支持的内存种类和容量都是由内存插槽来决定的。

DIMM 模块(双边接触内存模组 Dual In-Line Memory Modules,DIMM)。大部分的 DIMM 模块以垂直的方式安装于扩充插槽内,电路板正反两面的针脚各有其独立的电路。

DDR2 接口为 240pin DIMM 结构,能够在 100MHz 的频率基础上提供每插脚最少 400MB/s 的带宽,运行于 1.8V 电压上,有较高频率。

DDR3 接口是第三代双倍率同步动态随机存取内存(Double-Data-Rate Three Synchronous Dynamic Random Access Memory,一般称为 DDR3 SDRAM)的接口,运行于 1.5 V 电压上,性能更好,更省电。与 DDR2 相比,DDR3 新增了重置(Reset)功能,使初始化处理变得简单,在此状态下,DDR3 处于最省电的模式；DDR3 新增了 ZQ 校准功能,通过一个命令集,经由片上校准引擎(On-Die Calibration Engine,ODCE)来自动校验数据输出驱动器导通电阻与终结电阻器(On-Die Termination,ODT)的终结电阻值,图 2.13 所示是 DDR3 DIMM 插槽示意图。

图 2.13　DDR3 DIMM 插槽

2.2.3　PCI Express 插槽

PCI Express 是新一代的总线接口,由 Intel 公司提出,这个新标准将全面取代 PCI 和 AGP,最终实现总线标准的统一。

PCI Express 传输速率高,采用了点对点串行连接。有多种规格,从 PCI Express 1×～ PCI Express 16×,能满足现在和未来一段时间内出现的各种设备的需求。

PCI-E 2.0,速率 5GT/s,×16 通道带宽可达 8GB/s。PCI-E 3.0 架构单信道(×1)单向带宽即可接近 1GB/s,十六信道(×16)双向带宽可达 32GB/s,带宽更高,延迟更低,就像高速路一样,车辆跑得更快,车间隔更低,座位更舒适。同时还特别增加了 128b/130b 解码机制,可以确保 100% 的传输效率,相比此前版本的 8b/10b 机制提升了 25%,从而促成了传输带宽的翻番,延续了 PCI-E 规范的一贯传统,如图 2.14 所示。

图 2.14　PCI Express 插槽

2.2.4　芯片组

主板芯片组(Chipset)是主板的核心组成部分,是 CPU 与周边设备沟通的桥梁。在计算机界设计芯片组的厂家被称为 Core Logic,Core 的中文意义是核心或中心,从字面的意义就足以看出其重要性。对于主板而言,芯片组几乎决定了这块主板的功能,进而影响到整个计算机系统性能的发挥,芯片组是主板的灵魂。芯片组性能的优劣,决定了主板性能的好坏与级别的高低。一般情况下,主板的芯片组包括南桥芯片和北桥芯片。

北桥芯片靠近 CPU 插槽,是主板上离 CPU 最近的芯片,是系统控制芯片,主要负责 CPU、内存、显卡三者之间的数据交换,在与南桥芯片组成的芯片组中起主导作用,掌控部件多为高速设备,如 CPU、Host Bus 等。

北桥芯片的功能有,CPU 与内存之间的交流;Cache 控制;AGP 控制(图形加速端口);PCI 总线的控制;CPU 与外设之间的交流;支持内存的种类及最大容量的控制。

南桥芯片一般离 CPU 较远,位于 PCI 插槽附近,主要提供了对输入输出设备(I/O)的支持,集成了中断控制器、DMA 控制器。

南桥芯片的功能有,PCI、ISA 与 IDE 之间的通道;PS/2 鼠标控制(间接属南桥管理,直接属 I/O 管理);提供 KBC(键盘控制器);USB 控制(通用串行总线);SYSTEM CLOCK 系统时钟控制;I/O 芯片控制;ISA 总线;IRQ 控制(中断请求);DMA 控制(直接存取);RTC 控制(实时时钟控制器);IDE 的控制。

2.2.5 SATA 接口

SATA(Serial ATA)即串行 ATA。以连续串行的方式传送数据,一次只能传送一位数据,减少 SATA 接口的针脚数目,使连接电缆数目变少,可以在较少的位宽下得到较高的工作频率,从而提高了数据传输的带宽,这是一种完全不同于并行 ATA 的新型硬盘接口类型。SATA 总线使用嵌入式时钟信号,由于能对传输指令(不仅仅是数据)进行检查,如果发现错误就会自动矫正,因此,在一定程度上提高了数据传输的可靠性。它还具有结构简单、支持热插拔等优点,应用广泛,成为目前主流的硬盘和光驱接口。串行接口如图 2.15 所示。

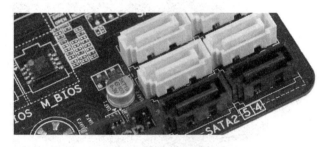

图 2.15　串行接口

2.2.6 USB 3.0 接口

USB 3.0 是新一代的 USB 接口,特点是传输速率非常快,理论上能达到 4.8Gb/s,比现在的 480Mb/s 的 High Speed USB(简称为 USB 2.0)快 10 倍,外形和现在的 USB 接口基本一致,能兼容 USB 2.0 和 USB 1.1 设备。

USB 3.0 对需要更大电力支持的设备提供了更好的支撑,最大化了总线的电力供应;增加了新的电源管理职能;全双工数据通信,提供了更快的传输速度等优点。并且采用了一种新的封包路由技术,仅允许终端设备有数据要发送时才进行传输。新的链接标准还将让每一个组件支持多种数据流,并且每一种数据流都能够维持独立的优先级,该功能可用来终止在视频传输过程中因抖动而造成的干扰,数据流的传输机制也使固有的指令队列成为可能,优化了USB 3.0 接口的数据传输,如图 2.16 所示。

图 2.16　USB 接口

2.2.7 BIOS

BIOS(Basic Input Output System)的中文名称是"基本输入输出系统"。其实,它是一组固化到计算机内主板上的一个 ROM 芯片上的程序,它保存着计算机最重要的基本输入输出的程序、系统设置信息、开机后自检程序和系统自启动程序。其主要功能是为计算机提供最底层、最直接的硬件设置和控制。现在大部分计算机都使用双 BIOS 芯片,如图 2.17 所示。

BIOS 的主要程序包括,中断例程,它是微机系统软、硬件之间的一个可编程接口,用于为程序软件与微机硬件实现衔接的功能；系统设置程序，微机部件配置情况是放在一块可读写的 CMOS RAM 芯片中的，它保存着系统 CPU、硬盘驱动器、显示器、键盘等部件的信息。关机后，系统通过一块后备电池向 CMOS 供电以保持其中的信息不丢失；系统设置程序，就是用来设置 CMOS RAM 中的相关参数；POST 上电自检程序，用于在微机接通电源后，系统将有一个对内部各个设备进行检查的过程，这些程序通常称为 POST(Power On Self Test，上电自检)。

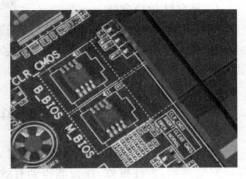

图 2.17　双 BIOS

2.2.8　输入输出接口

输入输出接口是 CPU 与外部设备之间交换信息的连接电路，它们通过总线与 CPU 相连，简称 I/O 接口。它是主机和外围设备之间交换信息的连接电路，在主机和外围设备之间的信息交换中起着桥梁和纽带作用，如图 2.18 所示。

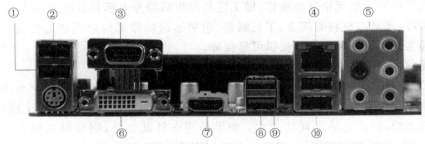

①、②、⑩USB2.0接口；③模拟视频接口；④网卡接口；⑤音频、视频接口；⑥数字视频接口；⑦1394接口；⑧⑨USB3.0 接口。

图 2.18　输入输出接口

2.3　主板的选购

主板是直接关系计算机的性能、稳定性和扩展性的一个关键部件，因此，在购买计算机时，用户在考虑购买 CPU 的同时也应该着重考虑主板的类型，既要能搭配匹配的 CPU，又要能发挥主板的高性能。

2.3.1　选购原则

1. 根据需求选购主板

用户根据需求灵活选择，不可盲目追求高配置，导致资源浪费。

2. 性价比

在一定价格前提下，尽量选购性能相对高的主板。

3. 主板要与 CPU、内存匹配

只有选择的主板与 CPU、内存在性能上匹配，才能发挥主板的最佳性能。

4．兼容性和稳定性

主板是计算机的基础,因此对主板而言稳定性是最基本的要求。兼容性是主板稳定工作的另一个主要因素,如果主板的兼容性不好,会导致工作不稳定,为后期主板的维护带来很多麻烦。

5．升级和扩充

选购主板时还要考虑主板的可升级性和可扩充性,是后期计算机更新升级的基础。

6．选择厂家和商家

一般情况下,为保证售后服务的质量,应选择有实力厂商的产品,厂商应有更新及时、内容丰富的网站,方便维修,保证能得到有效的售后服务。

2.3.2 主板的选购

主板作为计算机配件的连接中枢,其质量一方面关系着各个配件能否正常工作;另一方面还影响计算机的稳定运行。为此,在选购主板时应关注以下几项内容。

1．选择品牌

主板是一种将高科技、高工艺融为一体的集成产品,因此对用户来说应该首先考虑品牌主板。知名品牌的主板无论是在质量、做工还是在售后服务上都有良好的口碑,其产品无论是在设计阶段,还是在材料的筛选、工艺制造、包装运送阶段都经过严格的把关。这样的主板必然能够为计算机的稳定运行提供可靠保障。

2．确定平台

依照 CPU 接口类型的不同,主板产品有 AMD、Intel 平台之分,不同的平台决定了计算机的不同用途。相对来说,AMD 平台有着很高的性价比,且平台游戏性能比较强,是目前游戏用户的选择,但是它的能耗比较大;如果是用于移动办公,则最好选择 Intel 平台,其CPU 热量更低,功耗控制得更好,移动办公时间更长,更稳定。

3．观察做工

主板做工的精细程度往往会影响到主板的稳定性。因此在选购主板时,可通过观察主板做工情况来判断主板的质量和稳定性。

首先,看主板的印刷电路板的厚度,普通主板大都采用 4 层 PCB,部分优质产品则使用电气性能更好的 6 层或 8 层板。

其次,检查主板上的各个焊点是否饱满有光泽,排列是否整齐。此时,还可尝试着去按压扩展插槽内的弹片,了解其弹性是否适中。

最后,看 PCB 板的走线布局是否合理,因为不合理的走线会导致线间的相互干扰,从而降低系统的稳定性。

4．注意细节

首先,检查 CPU 插座在主板上的位置是否合理。例如,当 CPU 插座距离主板边缘过近时,很有可能会影响 CPU 散热片的安装;如果 CPU 插座周围的电容太近,也会影响CPU 散热片的安装。

其次,检查主板上各个扩展槽的位置。例如,当内存插槽的位置过于靠右时,便会影响光驱的安装,在勉强安装光驱后会影响光驱的维护。

另外,要注意主板跳线的位置,以免跳线被板卡遮挡后影响使用。

最后,注意电源接口的位置。例如,当电源接口出现在 CPU 和扩展槽之间时,很有可能出现电源连线过短的问题,而且会影响 CPU 热量的散发。

5. 主板质量检测

首先,检查主板电池,观察电池是否生锈、漏液。

其次,软件测速,可以通过测速软件来了解主板的性能,主流的测速软件有 360 系列、鲁大师系列等。

6. 最新技术

检查是否有新技术,如 PCI-Express 技术、USB3.0、支持的 Core 是否是 i7/i5/i3、CPU插槽接口是否是 LGA 1150、LGA 1155 等。用户要根据实际需求合理选择高性价比的产品。

7. 增值服务

选购主板时一定要了解商家是否能够提供完善的售后服务。例如,是否能够提供三年质保服务,以及维修周期的长短等。此外,还应检查销售商能否为主板提供完整的附件,如主板说明书、外包装、保修卡和驱动光盘等。

2.3.3 主板产品

主板性能优劣对计算机整体性能的稳定性具有决定作用,常见的主板品牌如下。

1. 技嘉

宁波技嘉国际贸易有限公司,产品品牌为技嘉 GIGABYTE。它是全球主板和显卡的十大品牌之一,始创于台湾,是全球领先的计算器及辅助设备制造商之一,全球顶尖主板、显卡和硬件解决方案制造商之一。

技嘉科技公司成立于 1986 年,是全球第二大专业主板制造商,产品包括计算机、通信与消费性电子产品,技嘉在海外有众多子公司。1998 年 10 月成功上市。迄今为止,技嘉公司已通过 ISO 9001/9002/14001 等多项国际认证,是被 Intel 公司授予 Intel Official Direct Account 荣誉称号的台湾主板制造商,也是荣获 1998 年度"台湾磐石奖"的两家主板制造商之一。

技嘉公司是全球公认的三大主板品牌之一,品牌占有率 24.2%,所有板卡都是自己研发的 PCB,不但产品线齐全,而且在保证产品品质的同时还推出了面向中低端用户的产品。在技嘉的产品线中,主芯片采用 Intel B85,CPU 插槽 LGA 1150,内存类型 DDR3,CPU 类型 Core i7/i5/i3,市场占有率比较高。

2. 华硕

华硕公司连续多年蝉联全球最大主板制造商,市占率高达 40%,以创新力与高质量获得全球使用者一致好评。在 2008 年,华硕公司销售超过 2400 万块主板,每三台计算机中就有一台使用华硕主板。

华硕主板连续 6 年荣获最佳主板品牌肯定,全球计算机评论权威网站 Tom's Hardware Guide(THG),连续 6 年票选华硕为"全球最佳主板品牌",在这项来自全球数万个专业玩家的票选活动中,华硕主板多次获得超过半数的压倒性肯定。

身为主板的创新领导者,华硕公司永远站在科技的最前线,率先支持最新规格、推出创新技术,多年来更创下多项世界第一。华硕公司是全球第一个支持 Serial ATA、AGP8X、超越 3.0 GHz 的 Intel ® P4 处理器、Hyper-Threading Technology、Intel ® Core™ 2 处理器与 Windows Vista™ 的主板厂商,此外还有更多领先业界的前瞻作为。

华硕公司是全球领先的 3C 解决方案提供商之一,致力于为个人和企业用户提供最具创新价值的产品及应用方案,包括 Intel 和 AMD 平台的多种型号主板。产品从低端到高端可供用户选择,包括 Intel 平台的 B85 系列,Z97 系列等;AMD 平台的 760G 系列,970 系列等。

3. 微星

微星科技股份有限公司是主板和显卡十大品牌之一,创立于 1986 年,全球领先的显示卡生产商,全球最大的主板制造商之一,是一个专精于主机板和各式显示卡的设计及制造的国际化大型企业。

微星公司以制造主板及显示适配器起家,跨足消费电子及商务应用市场,其产品线延伸至笔记本计算机、All-in-One 桌机、服务器、工作站计算机、工业计算机、智能型家电、车用电子、准系统、多媒体及通信产品等。

2013 年,微星公司推出 OC Genie 4 一秒超频技术,瞬间提升系统性能;推出采用 Military Class 4 军规组件的高质量产品,Military Class 4 通过 MIL-STD-810G 认证,是稳定度和质量的最佳保证;推出创新的 Audio Boost 音效优化技术,从电路到用料都采用录音室等级设计,推出独家 Cooler Boost 2 高效散热系统,散热、降噪强化达到 15% 以上;推出独家 Super RAID 2 技术,由三颗 SSD 组成,提供超速存取性能;推出 Matrix Display 技术以支持多屏幕同时输出,让多任务操作玩家,有更舒适便利的游戏空间;推出全自动 NOS 极速系统,瞬间提供 CPU 与显卡超频性能。

微星公司在主板市场也显示了不凡的实力,市场占有率 14.4%,有 101 款热销产品,提供给用户很多的选择,有较高的品质和高性价比,有整体品牌形象。它有 Intel 平台和 AMD 平台的主板,采用了新技术,支持 i7/i5/i3CPU 类型。

4. 映泰

深圳市映德电子科技有限公司,产品映泰 BIOSTAR 为主板十大品牌之一,始创于台湾,世界级的主板生产商之一,是 Intel、nVIDIA、AMD 等行业巨头战略合作伙伴,是一家专业致力于计算机行业硬件主板产品研发生产的企业。

20 世纪 80 年代,IT 行业开始以惊人的速度迅速发展。映泰集团的创始人,凭借其在电子领域所积累的经验以及对主板、扩展卡的未来需求作出的专业分析,于 1986 年成立了映泰科技有限公司。

映泰公司早期专门生产 XT 架构的主板,为了保持稳定的增长,映泰公司尝试在产品设计和开发上不断地投入大量资金和人力,让其能够在计算机行业迅速发展的同时保持有力的竞争地位,通过给顾客提供更多综合解决方案来满足市场不断发展的需求,映泰公司提高了自身在产品设计和生产方面的能力,如扩展卡,多媒体和系统产品。

映泰公司推出的高端 T 系列超频能力出众,在 DIY 玩家群中拥有良好的口碑,显卡方面具备特色超频软件,能充分发掘 DIY 的乐趣。但超频能力一般,同样比较适合家用和商用。

1990 年,映泰公司为了扩大迎合全球顾客需求的能力,是首家在中国大陆成立生产基地的台湾企业之一,1998 年映泰公司销售额超过 1.3 亿美元,在台湾 1000 强企业中排名

227 位。而且 1999 年映泰公司通过了 ISO9001 认证。

5. 其他品牌

除了以上介绍的 4 种主板知名品牌外,在主板行业十大品牌中还包括华擎、英特尔、七彩虹、梅捷、双敏和昂达等品牌。这些品牌都与全球著名的芯片厂商合作,生产出质优价廉的产品。由于具有优异的性价比,在市场中具有不小的占有率。

2.4　主板的故障维护

主板作为计算机系统运行的核心部件之一,在 PC 系统中起着至关重要的作用。CPU及总线控制逻辑、DMA 传输与中断控制、内存及其读写控制逻辑、系统配置参数的存储与读写、键盘控制逻辑、I/O 总线插槽甚至某些外设控制逻辑(如打印控制)均集成在主板上。因此,主板发生故障不但会影响外部设备的正常运行,而且往往会引起无法启动的致命性故障。下面是主板在使用过程中最常见的故障。

1. 开机无显示

计算机开机无显示,首先要检查的就是 BIOS。主板 BIOS 中储存着重要的硬件数据,同时 BIOS 也是主板中比较脆弱的部分,极易受到破坏,一旦受损就会导致系统无法运行,出现此类故障一般是由于主板 BIOS 被病毒破坏造成的(当然也不排除主板本身故障导致系统无法运行)。BIOS 被病毒破坏后硬盘里的数据将全部丢失,所以用户可以通过检测硬盘数据是否完好来判断 BIOS 是否被破坏,如果硬盘数据完好无损,那么还有三种原因会造成开机无显示的现象。

(1) 因为主板扩展槽或扩展卡有问题,导致插上诸如声卡等扩展卡后主板没有响应而无显示。

(2) 免跳线主板在 CMOS 里设置的 CPU 频率不对,也可能会引发不显示故障,对此,只要清除 CMOS 设置即可予以解决。清除 CMOS 的跳线一般在主板的锂电池附近,其默认位置一般为 1、2 短路,只要将其改跳为 2、3 短路几秒钟即可解决问题,对于以前的主板如若用户找不到该跳线,只要将电池取下,待开机显示进入 CMOS 设置后再关机,将电池安装上亦可达到 CMOS 放电的目的。

(3) 主板无法识别内存、内存损坏或内存不匹配也会导致开机无显示的故障。某些老的主板对内存比较挑剔,一旦插上主板无法识别的内存,就无法启动,甚至某些主板不给用户任何故障提示(如鸣叫)。有时,为了扩充内存以提高系统性能,结果插上不同品牌、不同类型的内存同样会导致此类故障的出现。

2. CMOS 设置不能保存

此类故障一般是由于主板电池电压不足造成的,一般通过更换电池便可解决问题,但有的主板电池更换后同样不能解决问题,此时有两种可能。

(1) 主板电路问题,必须找专业人员维修。

(2) 主板 CMOS 跳线问题,有时因为错误的设置,可能将主板上的 CMOS 跳线设为清除选项,或设置成外接电池,使得 CMOS 数据无法保存。

3. 主板驱动引起的故障

在一些杂牌主板上有时会出现在 Windows 下安装主板驱动程序后出现死机或光驱读

盘速度变慢的现象,将主板驱动程序装完后,重新启动计算机不能以正常模式进入桌面,如果出现这种情况,重新安装最新的驱动,问题一般都能够解决。如果还是不行,就只能重新安装系统。

4. 安装 Windows 或启动 Windows 时鼠标不可用

出现此类故障的原因一般是由于 CMOS 设置错误引起的。在 CMOS 设置的电源管理栏中有一项 ModemouseIRQ 项目,他的选项分别为 3,4,5,…,NA,一般它的默认选项为 3,将其设置为 3 以外的中断项即可解决问题。

5. 计算机频繁死机

当计算机频繁死机时,一般是主板或 CPU 故障。出现该故障时,一般通过 CMOS 设置 Cache 为禁止状态进行处理。除此之外,用户还需要检查 CPU 风扇是否出现故障,当 CPU 风扇出现故障时,会造成 CPU 过热而导致死机现象。如果上述方法仍然无法解决计算机频繁死机故障,则需要更换主板或 CPU。

思 考 题

1. 主板有哪些分类方法?
2. 简单叙述主板的结构。
3. 目前市场上有哪些主板产品?
4. 如何选购主板?
5. 主板的故障一般有哪些?

第 3 章　微处理器（CPU）

【教学目标】

【教学目标】
（1）了解 CPU 的基本分类和性能指标。
（2）理解 CPU 结构和工作原理。
（3）掌握 CPU 选购方法和故障维修。

【主要教学内容】
（1）中央处理器，是电子计算机的主要设备，计算机中的核心配件之一。其功能主要是解释计算机指令以及处理计算机软件中的数据。计算机中所有操作都由 CPU 负责读取指令、对指令译码并执行指令。

（2）本章主要介绍 CPU 发展历程、CPU 分类、CPU 技术指标、结构、选购方法及维修注意事项。

3.1　CPU 概述

中央处理器（Central Processing Unit，CPU）是计算机系统的核心，由运算器和控制器组成。CPU 内部的结构控制单元、逻辑单元和存储单元三部分之间相互作用协调工作，完成分析、判断和运算。其中，运算器主要完成各种算术运算和逻辑运算；而控制器只是读取各种指令，并对指令进行分析，做出相应的控制。通常，在 CPU 中还有若干个寄存器，它们可直接参与运算并存放运算的中间结果。

3.1.1　CPU 构成

CPU 是一块超大规模的集成电路（Integrated Circuit，IC），被封装在塑胶或陶瓷材料中，是计算机的核心部件。CPU 由基板、内核、内核与基板之间的填充物及金属盖组成。

CPU 基板是承载 CPU 内核所用的电路板，负责内核芯片和外界的一切通信，并起着固定 CPU 的作用。在基板上有电容、电阻和决定 CPU 时钟频率的电路桥。在其背面或下沿，有用于和主板连接的针脚或卡式接口。Duron 采用陶瓷制成的电路基板，有的 CPU 采用有机材料来代替陶瓷。

CPU 内核是 CPU 中间凸起的一片指甲大小、由单晶硅做成的薄薄芯片，其内密布着数以千万的晶体管，它们相互配合完成各种复杂的运算和操作。CPU 内核翻转后封装在陶瓷电路基板上，这样可使 CPU 内核直接与散热装置接触；而 CPU 内核的另一面和外界电路相连。目前，CPU 内的晶体管都要连到外面的电路上，所有的计算都要在很小的芯片上进行，这样 CPU 内核会散发出大量的热，因此 CPU 散热至关重要。CPU 散热器通常由合金散热片和散热风扇组成,用来将 CPU 核心产生的热量快速散发到外界。

内核与基板之间的填充物,一方面用来缓解散热器的压力;另一方面可以固定芯片和电路基板,由于连接着温度有较大差异的两个器件,所以必须保证其十分稳定,它质量的优劣有时就直接影响着整个 CPU 的质量。

CPU 表面的金属盖可以避免 CPU 脆弱的核心受到意外伤害,增加了核心的散热面积。CPU 外形结构如图 3.1 所示。

图 3.1　Core i7 CPU

3.1.2　CPU 发展历程

从世界上第一款 CPU 的诞生到现在,它一直在以惊人的速度不断发展。下面对 CPU 的发展历程做简单介绍。

1. 第一代微处理器

1971 年,Intel 公司推出了世界上第一个 P 沟道 MOS 微处理器 Intel 4004。它的晶体管数目约有 2300 个,系统是 4 位,字长是 4 位,时钟频率是 108 kHz。功能比较弱,计算速度慢。随后英特尔公司推出了 Intel 8008,约有 3500 个晶体管,8 位处理器,运算性能很差,市场反应不理想。由于 8008 仍然采用 P 沟道 MOS 微处理器,所以,它为第一代微处理器。

2. 第二代微处理器

1974 年,Intel 8008 发展为 Intel 8080,并作为 Altair 个人计算机的运算核心,主频 2MHz,运算速度比 8008 快 10 倍,使用基于 $6\mu m$ 技术的 6000 个晶体管,采用 N 沟道 MOS,称为第二代微处理器。

3. 第三代微处理器

1978 年,Intel 公司首次生产出 16 位微处理器 Intel i8086,它是第三代微处理器,同时还产生了与之配合的数学协处理器 Intel i8087,这两种芯片使用相互兼容的指令集。随之产生的 Intel 8088 芯片,内含 29 000 个晶体管,是第一块成功用于个人计算机的处理器,首次用于 IBM PC 中,从此开创了全新的个人计算机时代,个人计算机真正走进了人们的工作和生活。

1982 年,Intel 公司推出 80286 微处理器,增加了实存和虚拟存储器管理,CPU 的工作方式也演变出实模式和保护模式两种,80286CPU 采用了 PGA 的正方形包装。

4. 第四代微处理器

1985 年,Intel 公司推出 80386 微处理器内含 27.5 万个晶体管,可直接访问 4GB 的内存,并具有异常处理机制。

Intel 80386 的广泛应用,将 PC 从 16 位时代带入 32 位时代,拉开了第四代微处理器的序幕。

1989 年,Intel 公司推出了 Intel 80486 微处理器,晶体管数目达到 120 万个,让计算机从命令列转型至点选式(Point to Click)的图形化操作环境。

5. 第五代微处理器

Intel 公司把第五代处理器命名为 Intel Pentium,此时虽然 AMD 和 Cyrix 公司也推出了自己的产品,但是凭借自己的最佳性能,Intel Pentium 逐渐占据了大部分市场。

Pentium 在微架构上取得突破,让计算机更容易处理"现实世界"的资料,如语音、声音、字符、照片、录像。

6. 第六代微处理器

1996 年,Intel 公司推出了最新一代的第六代微处理器 Pentium Pro,如图 3.2 所示,又称为高性能奔腾。它最引人注目之处是它具有一项称为"动态执行"的创新技术,这是继

图 3.2　Pentium Pro CPU

Pentium 在超标量体系结构上实现突破之后的又一次飞跃。Pentium Pro 系列的工作频率是 150/166/180/200MHz,一级缓存都是 16KB,而前三者都有 256KB 的二级缓存,至于频率为 200MHz 的 CPU 还分为三种版本,不同就在于它们的内置缓存分别是 256KB、512KB、1MB。

1997 年,Intel 公司推出 Intel Pentium Ⅱ 处理器,内含 750 万个晶体管,采用了新的 Slot 1 插槽接口,结合了 Intel MMX 技术,首次采用了 S. E. C(Single Edge Contact)的匣型封装,能以极高的效率处理影片、音效以及绘图资料,内建了高速快取记忆体。同期,AMD 公司也推出性能相当的 K6、K6-2、K6-3 和 K7 微处理器。K7 是第一款主频超过 1GHz 的微处理器。

1999 年,推出 Intel Pentium Ⅲ 处理器,加入了 70 个新指令,采用 0.18 微米制造工艺,256KB 的二级缓存,代码名 Coppermine,同期 AMD 公司推出了 Athlon 750MHz 和 AMD Athlon 1GHz。

2000 年,Intel 公司推出 Pentium 4 处理器,如图 3.3 所示。主频为 1.3~1.7GB,FSB 400MHz,以及采用 0.18 微米的电路,Socket 423 接口。第二年推出采用 0.13 微米的制造工艺,Socket 478 接口采用 Northwood 技术。

2002 ~ 2005 年,市场推出了多种处理器,如 Intel Pentium 4 HT 处理器、Intel Pentium M 处理器、Intel Pentium D 处理器、AMD 的 Athlon 64 微处理器、AMD 的 Athlon 64 X86 微处理器等。

图 3.3　Intel Pentium 4 CPU

7. 第七代微处理器

2006 年英特尔公司发布了 10 款全新英特尔酷睿 2 双核处理器和英特尔酷睿至尊处理器,包括 5 款专门针对企业、家庭、工作站和玩家而制定的台式机处理器,以及 5 款针对移动生活而定制的处理器,Intel Core2 Duo 系列台式 CPU 如图 3.4 所示。

图 3.4　Intel Core Duo CPU

2008 年,推出 Intel Atom 处理器,采用 45 纳米制造工艺,2.5 瓦超低功耗,价格低廉且性能满足基本需求,主要为上网本(Netbook)和上网机(Nettop)使用。作为具有简单易用、经济实惠的新型上网设备,它们具有较好的互联网功能,还可以进行学习、娱乐、图片、视频等应用,是经济与便携相结合的计算机新产品。同年,推出 Intel Core i7 处理器,基于全新 Nehalem 架构。

2009 年,推出 Core i5 处理器有 4 个核心的一款产品,同样基于 Intel Nehalem 微架构。集成了双通道的 DDR3 存储控制器,CI-Express 控制器以及北桥的一些功能,采用 LGA 1156 接口,采用 45 纳米制造工艺,代号 Lynnfield。

2010 年,推出 Intel Core i3 处理器,是酷睿 i5 的进一步精简版,是面向主流用户的 CPU 家族标识。拥有 Clarkdale(2010 年)、Arrandale(2010 年)、Sandy Bridge(2011 年)等多款子系列。

酷睿 i7 是由 Intel(英特尔公司)生产的面向中高端用户的 CPU 家族标识,包含 Bloomfield(2008 年)、Lynnfield(2009 年)、Clarksfield(2009 年)、Ar randale(2010 年)、Gulftown(2010 年)、Sandy Bridge(2011 年)、Ivy Bridge(2012 年)、Haswell(2013 年)等多款子系列。

2011 年,推出 Intel Sandy Bridge 处理器(如图 3.5 所示),SNB(Sandy Bridge)是英特尔在 2011 年初发布的新一代处理器微架构,这一构架的最大意义在于重新定义了"整合平台"的概念,终结了"集成显卡"的时代,这就为将整合图形核心(核芯显卡)与 CPU 封装在同一块基板上创造了有利条件。此外,第二代酷睿还加入了全新的高清视频处理单元。视频转解码速度的高与低跟处理器有直接关系,由于高清视频处理单元的加入,新一代酷睿处理器的视频处理时间比老款处理器至少提升了 30%。

2012 年,推出 Intel Ivy Bridge 处理器(如图 3.6 所示),22nm Ivy Bridge 会将执行单元的数量翻一番,最多达到 24 个,带来性能上的进一步跃进。新加入的 XHCI USB 3.0 控制器则共享其中 4 条通道,提供了 4 个 USB 3.0,并且支持原生 USB 3.0。

2013 年,推出 Intel Haswell 处理器(如图 3.7 所示),采用 22nm 制造工艺和 3-D 三栅极晶体管技术,功耗低至第二代酷睿处理器的二十分之一。同时,新增集成封装的 PCH 外观产品,即将处理器、芯片组封装在一起。

图 3.5　Intel Sandy Bridge CPU　　图 3.6　Intel Ivy Bridge CPU　　图 3.7　Intel Haswell CPU

以上是以 Intel 公司的 CPU 为例进行介绍，只简单的提了 AMD 公司的产品，感兴趣的同学可以以 AMD 公司的发展为例进行总结。

3.2 CPU 的工作原理

了解了 CPU 的发展历程之后，还需要了解 CPU 的工作过程和主要功能，以方便用户根据实际情况，选择合适的 CPU。

3.2.1 CPU 的工作过程

CPU 控制计算机的所有操作，一般情况下，CPU 的工作过程可分为提取、解码、执行和写回 4 个步骤，介绍如下。

1. 提取

提取是 CPU 工作过程的第一阶段，是 CPU 从存储器或高速缓冲存储器中检索指令的过程，在该过程中，程序计数器指定存储器的位置。

2. 解码

解码是 CPU 工作的第二阶段，在该阶段中，CPU 将存储器中的指令拆解为有意义的片段，并将数值片段解释为指令。解释后的指令被分为两部分，一部分表现为运算码，用于指令需要进行的运算；另一部分供给指令所需要的信息。

3. 执行

执行是 CPU 工作的第三阶段，在该过程中，主要用于连接各种可以进行所需运算的 CPU 部件。

4. 写回

写回是 CPU 工作过程的最终阶段，主要是以一定的格式将执行阶段的结果进行简单的写回。其运算结果则被写入 CPU 内部的暂存器中，以供随后的指令进行快速存取。

3.2.2 CPU 的主要功能

CPU 具有处理指令、执行操作、控制时间和处理数据等强大的功能，其具体功能如下。

1. 处理指令

CPU 的首要功能是处理计算机中的指令，而处理指令功能是 CPU 控制计算机程序中所有指令的执行顺序。一般情况下，程序中各指令需要按照严格的顺序进行执行，否则将无法保证计算机系统运行的正确性。

2. 执行操作

执行操作是 CPU 根据指令的功能产生相应的操作信号，并将操作信号发给相应的组件，从而完成控制部件按照指令要求进行运转的任务。

3. 控制时间

控制时间是 CPU 所控制的各类操作的实施时间。在每条指令的操作中，CPU 严格控制每个时间段所要执行的操作，以保证计算机有条不紊的工作。

4. 处理数据

处理数据是对数据进行算术和逻辑运算，以及进行其他的信息处理，主要用于解释计算机指令以及处理计算机软件的数据。

3.3 CPU 的性能指标

CPU 是整个微机系统(System)的核心,早期常用 CPU 的型号表示微机的档次高低,如 386、486 奔腾计算机等。CPU 的性能也反映微机的性能,因此它的性能指标十分重要。现在介绍 CPU 主要的性能指标。

1. 主频、外频和倍频

主频也叫时钟频率。一般来说,一个时钟周期完成的指令数是固定的,因此主频越高,CPU 的速度就越快。由于各种 CPU 的内部结构不完全相同,所以不能完全用主频来概括 CPU 的性能。CPU 的主频一般标记在 CPU 芯片上。

外频又称外部时钟频率,是主板上系统总线的工作频率,是 CPU 与主板之间同步运行的速度。计算机实际运行速度不但由 CPU 的速度决定,而且还受到主板和内存速度的限制。由于内存速度和主板速度大大低于 CPU 的主频,因此为了能够与内存、主板的速度保持一致。倍频是 CPU 的运行频率与系统外频之间的倍数,也就是降低 CPU 主频的倍数。三者的关系为:

$$CPU 的内频(实际运行频率)=外频×倍频系数。$$

依据上面的公式,在倍频系数一定的情况下,要提高 CPU 的运行速度只能通过提高 CPU 的外频来实现。如果在外频一定的情况下,也可以提高倍频系数。

2. 前端总线频率

前端总线(Front Side Bus,FSB)是 CPU 与内存交换数据时的工作总线。因此,前端总线频率所表示的其实是数据传输率,即数据带宽(也称传输带宽)。

在实际应用中,数据传输带宽取决于同时传输的数据宽度和总线频率,计算公式:

$$数据带宽=(FSB×数据宽度)÷8。$$

3. 缓存

缓存(Cache Memory)是硬盘控制器上的一块内存芯片,具有极快的存取速度,它是硬盘内部存储和外界接口之间的缓冲器。

CPU 的缓存主要有一级缓存(L1 Cache)、二级缓存(L2 Cache)和三级缓存(L3 Cache)三种类型。

一级缓存(L1 Cache)是 CPU 的第一层高速缓存,分为数据缓存和指令缓存。它们都内置在 CPU 内部并与 CPU 同速运行,可以有效地提高 CPU 的运行效率。一级缓存越大,CPU 的运行效率越高,但受到 CPU 内部结构的限制,一级缓存的容量都很小。二级缓存(L2 Cache)是 CPU 的第二级高级缓存,分为内部和外部两种芯片。它存储那些 CPU 处理时需要用到、一级缓存又无法存储的数据,对软件的运行速度有较大的影响。三级缓存(L3 Cache)是目前新型 CPU 才拥有的缓存类型,是为读取二级缓存后未命中的数据设计的一种缓存,在拥有三级缓存的 CPU 中,只有约 5% 的数据需要从内存中调用,降低内存延迟时间,提升了大数据量计算时处理器的性能。

4. 制造工艺

制造工艺的趋势是向密集度越高的方向发展,制造工艺越精细,CPU 可以达到的频率越高,集成的晶体管更多,功能就会更强大。最新的酷睿 i7 类 CPU 已经采用 22nm 3D 工艺制造。

5. 架构与封装形式

CPU 架构是 CPU 厂商给属于同一系列的 CPU 产品定的一个规范,主要目的是为了区分不同的 CPU。Intel 系列的 CPU 产品常见架构有 LGA1150、LGA1156、LGA1155 等。AMD 系列 CPU 产品常见的架构有 Socket FM2、Socket FM2＋、Socket FM3、Socket FM3＋等。

6. 指令集与扩展指令集

指令集,就是 CPU 中用来计算和控制计算机系统的一套指令的集合,而每一种新型的 CPU 在设计时就规定了一系列与其他硬件电路相配合的指令系统。指令集的先进与否,也关系到 CPU 的性能发挥,它也是 CPU 性能体现的一个重要标志。它分为 CISC(Complex Instruction Set Computer)指令集和 RISC(Reduced Instruction Set Computing)指令集。

扩展指令集是 CPU 增加的多媒体或 3D 处理指令,这些扩展指令可以提高 CPU 处理多媒体文件 3D 图形的能力。

7. 多线程

超线程技术就是利用特殊的硬件指令,把两个逻辑内核拟合成两个物理芯片,让单个处理器也能使用线程级并行计算,进而兼容多线程操作系统和软件,减少 CPU 的闲置时间,提高 CPU 的运行效率。

3.4 主流 CPU 产品

目前,占据市场销售主流的 CPU 生产厂商有 Intel 公司和 AMD 公司两家。下面简单介绍近几年市场上流行的 Intel 系列 CPU 和 AMD 系列 CPU 的部分产品。

1. Intel 系列 CPU

Intel 公司 2013 年推出的酷睿四代处理器系列,采用 Haswell 架构,采用了 22nm 制造工艺与 3D 晶体管技术,能耗更低,Core i7 定位为高端。Core i5 定位为中端,Core i3 定位为低端。

(1)酷睿 i7 是面向高端的 CPU 家族标识,第一代 Core i7 产生于 2008 年,Bloomfield 核心,45nm 工艺,2～4 颗核心,内置三通道 DDR3 内存控制器。Intel Core i7-920 就是基于 Bloomfield 核心的第一代 i7 处理器,45nm 工艺,四核八线程,热设计功耗 130W,采用 1156 接口封装,如图 3.8 所示。

(2)第二代 Core i7 产生于 2010 年,Sandy Bridge 核心,32nm 工艺,2～8 颗原生核心,内置 4 通道内存控制器,集成显示核心。Intel Core i7 2600K 是基于 Sandy Bridge 内核的第二代 i7 处理器,32nm 工艺,四核八线程,热设计

图 3.8   Intel Core i7-920 CPU

功耗 95W,二级缓存 4×256KB,采用 LGA1156 接口封装,如图 3.9 所示。

（3）第三代 Core i7 产生于 2012 年,Ivy Bridge 核心,22nm 工艺,采用 3D 晶体管结构,处理器、图形核心、视频引擎的单芯片封装,支持原生 USB3.0 和 PCI-E3.0。

Intel Core i7-3630QM 是基于 Ivy Bridge 内核的第三代 i7 处理器,22nm 工艺,四核八线程,热设计功耗 45W,二级缓存 2×256KB,采用 LGA1155 封装,如图 3.10 所示。

图 3.9　Intel Core i7 2600K CPU　　　　图 3.10　Intel Core i7-3630QM CPU

（4）第四代 Core i7 产生于 2013 年,Haswell 核心,22nm 工艺,采用 3D 晶体管结构。Intel Core i7-4770K 是基于 Haswell 核心的第四代 i7 处理器,22nm 工艺,四核八线程,采用 LGA1150 接口封装,如图 3.11 所示。

（5）酷睿 i5/i3 是酷睿 i7 派生的中低级版本,面向性能较低级别用户的 CPU。第一代酷睿系列只有 i7 并没有 i7 的派生类,2010 年,第二代酷睿,2012 年,第三代酷睿,2013 年第四代酷睿才有了 i5、i3,i5 是 i7 的中低级版本,i3 是 i5 的进一步精简版。

2. AMD 系列 CPU

AMD 方面则以定位高端的羿龙,定位中端的速龙和定位低端的闪龙相对应。

1）羿龙系列 CPU

羿龙是 AMD 面向中高端市场的处理器系列。采用真四核设计,架构有 K10 和 K10.5,制作工艺有 65nm 和 45nm。产品线包括双核、三核、四核以及六核。如 AMD Phenom×6、AMD Phenom×4、AMD Phenom×3、AMD Phenom×2,如图 3.12 所示。

图 3.11　Core i7-4770K CPU　　　　图 3.12　AMD Phenom CPU

2）速龙系列 CPU

AMD 速龙系列处理器属于 AMD CPU 市场中的中低端产品,目前市场上主要有双核、三核、四核,如 Athlon X4、Athlon X3、Athlon X2,如图 3.13 所示。

3）闪龙系列 CPU

AMD 闪龙系列处理器属于 AMD CPU 市场上低端产品,如图 3.14 所示。

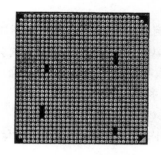

图 3.13　AMD Athlon CPU

图 3.14　AMD Sempron CPU

上述对 Intel 系列和 AMD 系列的主流 CPU 做了简单的介绍,感兴趣的同学可以对它们进行市场调研,进行进一步的掌握。

3.5　CPU 散热

CPU 在工作的时候会产生大量的热,如果不将这些热量及时散发出去,轻则导致死机,重则可能将 CPU 烧毁,CPU 散热器就是用来为 CPU 散热的。散热器对 CPU 的稳定运行起着决定性的作用,组装计算机时选购一款好的散热器非常重要。CPU 散热器根据其散热方式可分为风冷、热管和水冷三种。

风冷散热器是现在最常见的散热器类型,包括一个散热风扇和一个散热片。其原理是将 CPU 产生的热量传递到散热片上,然后再通过风扇将热量带走。需要注意的是,不同类型和规格 CPU 使用的散热器不同,如 AMD CPU 同 Intel CPU 使用的散热器就不同。热管散热器是一种具有极高导热性能的传热元件,它通过在全封闭真空管内的液体蒸发与凝结来传递热量,该类风扇大多数为"风冷＋热管"特性,兼具风冷和热管优点,具有极高的散热性。水冷散热器是使用液体在泵的带动下强制循环带走 CPU 的热量,与风冷相比具有安静、降温稳定、对环境依赖小等优点。

3.5.1　CPU 风扇组成

散热片:散热片的热是经由流动的冷空气带走,跟空气接触的面积越多,散热的速率就越快。

散热风扇:送风的部分;其扇叶的数量、形状和倾斜程度都影响着散热效果。

扣具:扣具的设计是随 CPU 而定的,不同的 CPU 要选用相应的扣具,如图 3.15 所示。

图 3.15　CPU 风扇

3.5.2　CPU 风扇的性能参数

1. 风扇的功率

风扇的功率是影响风扇散热效果的一个很重要的指标。一般情况下功率越大,风扇的风力越强劲,散热效果也越好。

2. 风扇转速

风扇的转速与功率密不可分,转速的大小直接影响到风扇功率的大小。通常在一定范围内,风扇的转速越高,它向 CPU 输送的风量就越大,CPU 获得的冷却效果就会越好。但如果转速过高,风扇在高速运转过程中不但会产生很大噪声,也会缩短风扇寿命。风扇转动的同时,本身也会产生热量,时间越长产生的热量就越多,磨损也会加剧。

3. 风扇口径

风扇口径用来衡量风扇的出风量。在允许的范围内,风扇的口径越大出风量也就越大,风力作用也就越大。

4. 热片材质

CPU 散热器中的散热片是用来扩展 CPU 表面积,从而提高 CPU 的热量散发速度。CPU 的热量通过与散热片接触传递出来,再将风扇带来的冷空气把热量带走,因此散热片的热传递能力直接影响整体的散热效果。导热性能最好的是黄金,其次是铜、铁和铝。目前用较广泛的是铝合金散热片,它价格低廉,散热效果不错,生产容易。

5. 散热片形状

普通的散热片压铸而成,常见的形状是韭字形,只是多了几个叶片,这种散热片的散热效果较普通。较高档的散热片则使用铝模经过车床车削而成,车削后的形状呈多个齿状柱体。在体积一定的情况下,柱体越多表面积越大。

另外,还有风扇噪声和风扇排风量也是影响风扇性能的参数。

3.6　CPU 的选购

CPU 作为计算机的核心配件,具有先进的制作技术。一般情况下,CPU 可以分为以下 4 类。

1. 原包 CPU

原包 CPU 即正品盒装 CPU,保质期一般为 3 年,也是 CPU 类型中质保时间最长的。

2. 散片

散片也就是通常所说的水货或拆机货等一系列的非行货的统称。散片和盒装 CPU 没有本质的区别,都具有相同的性能参数和质量。两者唯一的差别在于质保时间的长短以及 CPU 是否携带散热器。

3. 深包

深包是指二次封装的 CPU,它与散片一样,与原包 CPU 的差别不大,唯一可区别的也是携带散热风扇的质量不如原包的好,质保是一年。另外,深包与原包的辨别也主要在三码合一,当三码不同时则表示是深包。

4. ES 版

ES 版是指在测试版 CPU,这种版本的 CPU 在市场中不多见。ES 版的 CPU 类似于散片,但价格相对低廉。由于 ES 版 CPU 属于测试版,所以存在不同的问题。另外,ES 版 CPU 上标明 ES 字母,而且没有 CPU 型号。

3.7 CPU 故障及维护

CPU 故障造成的计算机故障有以下几种,分别介绍如下。

1. 计算机重启或死机

1) CPU 的温度过高

CPU 温度过高常常会引起保护性自动重启。温度过高的原因基本是由于机箱、CPU 散热不良。CPU 散热不良的原因有:散热器的材质导热率低,散热器与 CPU 接触面之间有异物(多为质保帖),风扇转速低,风扇和散热器积尘太多等。

2) 缓存损坏

CPU 内部的一、二、三级缓存损坏是 CPU 常见的故障。损坏程度轻的,还是可以启动,可以进入正常的桌面进行正常操作,当运行一些 I/O 吞吐量大的软件(媒体播放、游戏、平面/3D 绘图)时就会重启或死机。

解决办法:在 CMOS 中屏蔽三级缓存(L3)或二级缓存(L2)或一级缓存(L1)或更换 CPU 排除。

3) CPU 的工作负载是动态的,对电流的要求也是动态的,而且要求动态反应速度迅速。有些品质差的电源动态反应时间长,也会导致经常性的死机或重启。

2. 运算错误及蓝屏现象

该类故障的原因包括以下几种情况:硬件出现问题,硬件之间不兼容,软件之间不兼容,内存条接触不良或内存损坏,病毒木马,硬盘出现坏道等。

避免故障方法如下:

(1) 定期清理电脑机箱内部灰尘。

(2) 不要滥装软件。

(3) 浏览正规网站,不要轻易打开陌生人分享的网站。

(4) 不要同时运行多个耗费资源的程序,避免计算机资源耗尽。

(5) 定期清理系统垃圾,进行磁盘碎片整理,避免出现硬盘坏道。

思 考 题

1. 简述 CPU 的组成。

2. 简述 CPU 的工作原理。

3. 简单介绍不同的 CPU 系列。

4. 简述 CPU 的发展历史。

5. CPU 散热的重要性是什么?

6. 简述如何选购 CPU。

7. 到市场或上网了解当前主流 CPU 和主板的价格情况。

第4章 主存储设备

【教学目标】

(1) 理解内存储器的基本知识、结构和性能指标。

(2) 掌握内存的鉴别方法和选购事项。

(3) 了解内存的简单故障及维修方法。

【主要教学内容】

(1) 微型计算机存储设备包括内存、硬盘、光驱、U盘等移动存储设备。存储器是微机必要的组成部分,按其用途分为主存储器(也称内存)和辅助存储器(也称外存),内存通常是半导体存储器,外存通常为磁性介质和光盘等。

(2) 本部分主要介绍内存的基础知识、分类、技术指标、识别和选购方法以及故障的维修等。

4.1 内存储器概述

微型计算机内存储器泛指计算机中存放数据与指令的半导体存储单元,分为只读存储器(ROM)和随机存取存储器(RAM)两种。RAM又分为SRAM(Static RAM,静态随机存储器)和DRAM(Dynamic RAM,动态随机存储器)两种。SRAM主要用于Cache,DRAM主要用于内存条,而ROM主要用于BIOS芯片。

CPU工作时,需要从外存中读取数据,由于外存容量较大,速度较慢,如果数据直接从外存进入CPU,则工作效率太低。为了解决这个问题,在CPU与外存之间,加入一个相对外存容量较小,速度较快的内存。当CPU需要数据时,事先可以将CPU所需的部分数据调入内存中,CPU通过总线直接到内存中存取数据。在整个过程中,内存充当一个"中转站"的角色。

通常所说的内存即是内存条。内存条主要由印刷电路板、内存芯片、SPD芯片等组成,如图4.1所示。

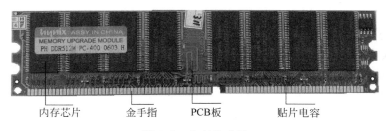

图 4.1 内存组成图

1. 印刷电路板（PCB）

印刷电路板是内存芯片及封装的物理载体，多层结构，一般为 4、6、8 层，层数越多，成本越高，但干扰就越少，工作就越稳定。

2. 内存芯片及其封装

内存芯片是内存条的灵魂，其结构和封装对速度、电气性能、散热效果及抗干扰性能等影响极大。芯片面积与封装面积的比值是衡量封装先进程度的主要指标，比值越接近 1 越理想。芯片封装随着技术发展主要有 DIP 封装、TSOP 封装、BGA 封装、CSP 封装等。在相同面积下，CSP 封装的内存条存储容量可达 BGA 封装的 3 倍，是 TSOP 封装的 6 倍以上。

3. SPD 芯片

SPD 是一个 8 针的 SOIC 封装的 256 字节的 EEPROM（电可擦写可编程只读存储器）芯片，里面主要保存着内存生产厂家在内存出厂时所设定内存的相关资料，通常有内存条的容量、芯片模块的生产厂商、标称运行频率、是否具备 ECC 校验等基本信息。主板芯片组通过识别 SPD 内的信息，判断内存的相关性能并完成 BIOS 中内存的设定。SPD 方便了系统对内存的检测，确保内存处于正常工作状态。

4.2　内存的分类

内存实质是一组或多组具备数据输入输出和数据存储功能的集成电路。可分为 ROM 和 RAM，RAM 除了分为 SRAM 和 DRAM 两种基本类型外，在具体运行操作上还有许多不同的特性，如数据传输率、存取时间、等待时间等。这些特征上的不同，细分出更多的内存类型，如 SDRAM、DDR SDRAM 和 RDRAM。

1. ROM

ROM 是计算机厂商用特殊的装置把内容写在芯片中，只能读取，不能随意改变内容的一种存储器，一般用于存放固定的程序，如 BIOS，ROM 中的内容不会因为掉电而丢失。ROM 又分为一次写 ROM 和可改写（Erasable Programmable ROM，ROM-EPROM）。ROM 中的信息只能被读出，而不能被操作者修改或删除。与一般的 ROM 相比，EPROM 可以用特殊的装置擦除和重写它的内容。

EPROM 芯片上有一个透明窗口，用特殊的装置向芯片写入后，用不透明的标签贴住。如果要擦除 EPROM 中的内容，揭掉标签，用紫外线照射 EPROM 的窗口，EPROM 中的内容就会丢失。

EEPROM（电擦除可编程只读存储器）：它与 EPROM 相似，EEPROM 中的信息可以被抹去，可以写入新的数据。只不过是用电来对其进行擦写，而不是紫外线。

闪速存储器（Flash Memory）主要特点是在不加电的情况下能长期保存存储的信息。就其本质而言，属于 EEPROM 类型。它既有 ROM 的特点，又很高的存取速度，而且易于擦除和重写，功耗小。由于闪速存储器的独特优点，可以将 BIOS 存储在其中，使得 BIOS 升级非常方便。

2. RAM

系统运行时，将所需的指令和数据从外部存储器（如硬盘、光盘等）调入内存中，CPU 再从内存中读取指令或数据进行运算，并将运算结果存入内存中。RAM 的存储单元根据具体需要可以读出,也可以写入或改写。RAM 只能用于暂时存放程序和数据,一旦关闭电源或发生断电,其中的数据就会丢失。根据其制造原理不同,现在的 RAM 多为 MOS 型半导体电路,分为静态和动态两种。

静态 RAM(SRAM)的一个存储单元基本结构是一个双稳态电路,由于读写的转换由写电路控制,所以只要写电路不工作,且电路有电,开关就保持现状,不需要刷新,因此 SRAM 又叫静态 RAM,由于开关实际上是由晶体管代替,而晶体管的转换时间一般都小于 20 ns,所以 SRAM 的读写速度很快,一般比 DRAM 快出 2~3 倍。微机的外部高速缓存(External Cache)就是 SRAM。但是,这种开关电路需要的元件较多,在实际生产时一个存储单元需要 4 个晶体管和 2 个电阻组成,这样一方面降低了 SRAM 的集成度,另一方面也增加了生产成本。

动态 RAM(DRAM)就是通常所说的内存,它是针对 SRAM 来说的。SRAM 中存储的数据,只要不断电就不会丢失,也不需要进行刷新。而 DRAM 中存储的数据是需要不断地进行刷新的。因为一个 DRAM 单元由一个晶体管和一个小电容组成。晶体管通过小电容的电压来保持断开、接通的状态,当小电容有电时,晶体管接通表示 1;当小电容没电时,晶体管断开表示 0。但是充电后的小电容上的电荷很快就会丢失,所以需要不断地进行“刷新”。所谓刷新,就是给 DRAM 的存储单元充电。在存储单元刷新的过程中,程序不能访问它们,在本次访问后,下次访问前,存储单元又必须进行刷新。由于电容的充放电需要时间,所以 DRAM 的读写时间远远慢于 SRAM,但由于它结构简单,所用的晶体管数仅是 SRAM 的四分之一,实际生产时集成度很高,成本也大大低于 SRAM,所以 DRAM 的价格低于 SRAM,适合作大容量存储器。所以主内存通常采用动态 DRAM,而高速缓冲存储器(Cache)则使用 SRAM。内存还应用于显卡、声卡及 CMOS 等设备中,用于充当设备缓存或保存固定的程序及数据。下面介绍 RAM 的类型。

(1) 同步动态随机存取存储器(Synchronous DRAM,SDRAM)。

SDRAM 内存条两面都有金手指,是直接插在内存条插槽中的。曾经是计算机上使用最为广泛的一种内存类型,采用 3.3V 工作电压。随着处理器前端总线频率的不断提高,SDRAM 已经无法满足新型处理器的需要,已经淘汰。

(2) 双倍数据率 SDRAM(Double Data Rage SDRAM,DDR)。

DDR 内存条如图 4.2 所示,可以说 DDR 是 SDRAM 的升级版本。以数据读写速率命名,采用双倍数据速度技术的 SDRAM,与普通 SDRAM 相比,在同一时钟周期内,DDR SDRAM 能传输两次数据。从外形上看两者差别并不大,它们具有同样的长度和引脚距离,只不过 DDR 内存条有 184 个引脚,金手指中有一个缺口,而 SDRAM 内存条有 168 个引脚,金手指中有两个缺口。

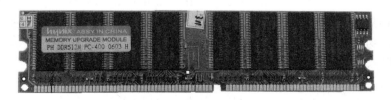

图 4.2 DDR 内存条

表 4.1 所示是 DDR SDRAM 内存传输标准。由于 DDR 内存条价格低廉,性能出色,因此成为曾经的主流内存产品。

表 4.1　DDR SDRAM 内存传输标准

标准	工作频率/MHz	传输带宽/(MB/s)
DDR 200	100	1600
DDR 266	133	2100
DDR 333	166	2700
DDR 400	200	3200
DDR 433	216	3500
DDR 533	266	4300

(3) DDR2(Double Data Rate 2)。

SDRAM(如图 4.3 所示)是由 JEDEC(电子设备工程联合委员会)开发的新型内存技术标准。它与 DDR 内存技术标准最大的不同是,虽然都采用了在时钟的上升沿和下降沿进行数据传输的基本方式,但 DDR2 的内存预读取能力是上一代 DDR 的两倍(即 4b 数据预读取)。换句话说,DDR2 内存每个时钟能够以 4 倍于外部总线的速度读写数据,并且能够以内部控制总线 4 倍的速度运行,DDR2 的传输速率如表 4.2 所示。DDR2 内存均采用 FPGA 封装形式,1.8V 电压,240 个引脚。可以提供更为良好的电气性能与散热性能,为 DDR2 内存的稳定工作与未来频率的发展提供了坚实的基础。

图 4.3　DDR2 内存条(笔记本专用)

表 4.2　DDR2 内存传输标准

DDR2 规格	传输标准	实际频率/MHz	等效传输频率/MHz	数据传输率/(MB/s)
DDR2-400	PC2-3200	100	400	3200
DDR2-533	PC2-4300	133	533	4300
DDR2-667	PC2-5300	166	667	5300
DDR2-800	PC2-6400	200	800	6400

表中的实际频率是芯片频率,表 4.1 中有 DDR 533,表 4.2 中也有 DDR2 533,这里的 533 指的是内存工作频率,但是 DDR 533 的工作频率是 266MHz,而 DDR2 533 的实际频率(工作频率)是 133MHz,也就是在要达到相同的内存工作频率,DDR2 的芯片频率是 DDR 的芯片频率的一半。

(4) DDR3。

DDR3(Double Data Rate 3)　SDRAM(如图 4.4 所示)与 DDR2 相比,DDR3 有更高的

主存储设备

频率、带宽和更低的延迟时间,内存的预取数据带宽提高了一倍,达到8b(其实际传输速率如表4.3所示),延迟比 DDR2 内存降低 25％,工作电压 1.5V,功耗降低了 20％,延长了使用寿命,成为目前的主流产品。

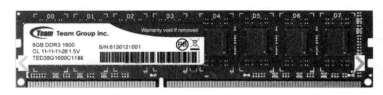

图 4.4　DDR3 内存条

表 4.3　DDR3 内存传输标准

DDR3 规格	传输标准	实际频率/MHz	等效传输频率/MHz	数据传输率/(GB/s)
DDR3-1066	PC3-8500	133	1066	8.5
DDR3-1333	PC3-10 600	166	1333	10.6
DDR3-1600	PC3-12 800	200	1600	12.8
DDR3-1800	PC3-14 400	225	1800	14.4
DDR3-1866	PC3-14 900	233	1866	14.9
DDT3-2133	PC3-17 000	266	2133	17.0
DDR3-2400	PC3-19 200	300	2400	19.2
DDR3-2667	PCB-21 300	333	2667	21.3

　　DDR3 在 DDR2 的基础上采用了更多的新型技术,其不同点主要有以下几点。

　　首先,产品 DDR3 是 8 位预取技术,而 DDR2 只有 4 位。这样,内存的核心频率只要 100MHz 便可实现 800MHz 的传输速率。

　　其次,由于采用了点对点的拓扑架构,DDR3 内存能够减轻地址/命令与控制总线的负担。

　　最后,DDR3 采用了 100nm 以下的生产工艺,这使得工作电压从 1.8V 降至 1.5V,进一步降低了功耗。

　　图 4.5 给出了 DDR、DDR2 和 DDR3 的缺口比较图。

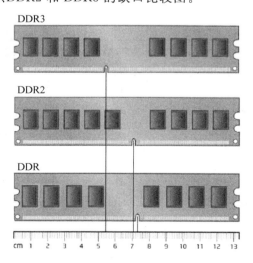

图 4.5　DDR、DDR2 和 DDR3 缺口比较图

（5）DDR4。

DDR4（Double Data Rate 4）SDRAM（如图 4.6 所示）是三星电子公司 2011 年 1 月 4日宣布的，完成了历史上第一款 DDR4 SDRAM 规格内存条的开发，并采用 30nm 级工艺制造了首批样品。但是，DDR4 内存的标准规范仍未最终确定。三星公司的这条样品属于UDIMM 类型，容量为 2GB，运行电压只有 1.2V，工作频率为 2133MHz，在新的电路架构下最高可以达到 3200MHz。相比之下，DDR3 内存的标准频率最高仅为 1600MHz，运行电压一般为 1.5V，节能版也有 1.35V。DDR4 内存可以节能 40%。

图 4.6　DDR4

虽然 DDR4 早已产生，但并未普及，DDR3 仍然为主流内存，Intel 公司的 Haswell-E 平台已经确定使用 DDR4 内存，因此各大内存厂商已经酝酿使用 DDR4 内存。目前已有厂商正式发布 Premier DDR4-2133 内存产品，其默认频率为 2133MHz，可提供高达17GB/s 的内存带宽，工作电压为 1.2V，比现有相同频率的 DDR3 内存要节能 20% 以上。容量从 4GB 起跳，目前有单条 4GB、单条 8GB、4GB×2 套装以及 8GB×2 套装等多种选择，统一享受终生质保服务。

实际上由于现在 DDR4 内存尚未有用武之地，即便是已经推出的产品，有不少也是没有宣布官方售价的。不过按照以往的惯例，DDR4 内存在上市后价格至少要比同频率的DDR3 内存高出 30% 左右。

4.3　内存的技术指标

内存对计算机的性能影响很大，许多指标都与内存有关，这里只介绍几个最常用也是最重要的指标。

1. 技术类别

内存技术发展一次经历了 SDRAM、DDR SDRAM、DDR2 SDRAM、DDR3 SDRAM 和DDR4 SDRAM 等技术种类，频率越来越高，速度越来越快，技术越来越先进，虽然 DDR4SDRAM 已经出现，但是 DDR3 SDRAM 仍然是主流产品。

2. 容量

内存容量是指存放计算机运行所需的程序和数据的多少。内存容量直接关系到计算机的整体性能，是除 CPU 之外能表明计算机档次等级的一个重要指标。其容量越大，内存可一次性加载的数据量也就越多，从而可以有效减少 CPU 从外部存储器调取数据的次数，提高 CPU 的工作效率和计算机的整体性能。目前，常见内存的容量达到了 2GB、4GB

或 8GB。

系统对内存的识别是以字节（Byte，B）为单位，每个字节由 8 位二进制数组成，即 8b（比特，也称"位"）。按照计算机的二进制方式，1B＝8b，1KB＝1024B 等。

3. 主频

内存主频和 CPU 主频一样，一般被用来表示内存的速度，它代表着该内存所能达到的最高工作频率，它是以 MHz 为单位来计量的。在一定程度上，内存主频越高内存所能达到的速度就越快。内存主频决定着该内存正常工作的最高频率。目前，市面上较为主流的是 1600MHz、1866 MHz、2133MHz 等 DDR3 内存。

4. 延迟时间

内存延迟表示内存进入数据存取操作状态前所要等待的时间，通常用 4 个相连的阿拉伯数字来表示，如 9-9-9-24 等，分别代表 CL-TRP-TRCD-TRAS。一般而言，这 4 个数字越小，表示内存的性能越好。

CL 在内存的 4 项延迟参数中最为重要，表示内存在收到数据读取指令到输出第一个数据之间的延迟。CL 的单位是时钟周期，即纵向地址脉冲的反应时间。

TRP（RAS Pre-charge Time）用于标识内存行地址控制器预充电时间，也就是内存从一个行访问结束到重新开始的间隔时间。

TRCD（RAS to CAS Delay（RAS 至 CAS 延迟））表示从内存行地址到列地址的延迟时间。这个参数对系统性能的影响并不大，因为程序存储数据到内存中是一个持续的过程，同一个程序中一般都会在同一行中寻址，这种情况下就不存在行寻址到列寻址的延迟了。

TRAS（Active to Pre-charge Delay）表示内存行地址控制器的激活时间。

5. 电压

内存电压是内存正常工作所需要的电压值。不同类型的内存电压不同，各自均有自己的规格，超出其范围，容易造成内存损坏。SDRAM 内存工作电压一般在 3.3V 左右，上下浮动额度不超过 0.3V；DDR SDRAM 内存工作电压一般在 2.5V 左右，上下浮动额度不超过 0.2V；DDR2 SDRAM 内存的工作电压一般在 1.8V 左右；DDR3 SDRAM 内存的工作电压一般在 1.5V 左右；DDR4 SDRAM 内存的工作电压一般在 1.2V 左右。内存的电压是越来越低，功耗也越来越小。

6. 奇偶校验

一个工业标准的 PC 中，存储器应该有 9 片存储芯片，每一片处理一位数据，其中 8b 表示一个字符，加上一个奇偶校验位的附加位。这样可以对系统中每个字节的完整性做内置的交叉检查，如果检测到一个错误，计算机会提示用户系统出现故障。当重新启动时，BIOS 会检测错误并给出相应的错误信息。

奇偶校验的基本优点：可以准确定位错误的来源，有助于问题解决，改善了系统的可服务性。但是，它并不能确定错误信息的位置。

7. ECC

ECC 是 Error Correction Coding 或 Error Checking and Correcting 的缩写，在传统的奇偶校验上改进了很多，代表具有自动纠错功能的内存，可以纠正一位二进制数的错误，并且可以在不中断和不破坏数据的情况下继续运行。

4.4 内存的选购

作为计算机系统的重要配件之一,内存的容量、规格指标及做工质量都会影响整个系统的性能和稳定性。因此,内存的选购十分重要,下面便将对选购内存时的方法与注意事项进行简单介绍。

1. 类别、容量、主频等基本参数

类别、内容和主频是选购内存时首先需要关注的内容,其选购原则是在主板匹配、满足需求的情况下尽量挑选较大容量、高主频的内存。此外在容量相同的情况下,在主板支持的前提下,建议尽量选择单面内存。

2. 适用类型

根据内存条所应用的主机不同,内存产品也各自有不同的特点。台式机内存是 DIY 市场内最为普遍的内存,价格相对便宜;笔记本计算机内存对尺寸、稳定性和散热性方面有较高要求,价格高于台式机内存;而应用于服务器的内存对稳定性以及内存纠错功能有严格的要求。不同的对象选择的类型也不同,图 4.7 和图 4.8 所示为适用于笔记本和服务器的内存条。

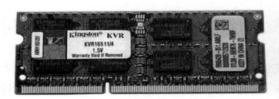

图 4.7 笔记本内存条

图 4.8 服务器内存条

3. 品牌的选择

市场上的内存条分为有品牌和无品牌两种。品牌内存条所代表的是精选的用料、优良的做工、严格的出厂检测和完善的售后服务。无品牌的内存条,多为散装,这类内存条是按照内存条上的内存芯片的品牌命名。目前,较为知名的内存品牌厂商有金士顿、海盗船、威刚、金泰克、宇瞻、芝奇、创见、三星等。特别是金邦内存提供了终身保固服务,即出现质量问题,终身提供免费换、修服务。

4. 与主板的兼容性

在选购内存条时,还要注意它的兼容性,应选购与主板匹配的内存条,某些品牌的内存条在有些主板上会造成无法开机、运行时死机和不稳定等现象。目前市场上主板支持的内存类型多数为 DDR3 SDRAM。

5. 合适的价格

虽然现在的内存条和以前相比,价格已经大幅下降,但不同品牌和性能的内存条,价格还是有一些差别,可根据需要和预算情况选择合适的内存条。

另外,内存条容量的选择应该根据计算机运行的软件来选择,同时也要考虑以后计算机性能的升级;如果对计算机运行的准确性要求较高,可适当选择有奇偶校验和 ECC 功能的内存条。

内存条质量的优劣直接影响计算机系统的稳定性,因此应该掌握一些内存条的辨别方法。

(1)市场上常见的内存条可分为正品新货、正品旧货和次品三类。

① 正品新货。原装正品,主要是一些名牌厂商的产品,这类产品的芯片可以从芯片生产日期来判定是否是新货,PCB 上有明确厂商标识,管脚干净无擦痕。普通正品,这类产品的厂商主要是以原厂芯片为材料,自行设计 PCB 并加工、检测,PCB 上也有明确标识,并且有质量保障。

② 正品旧货。原装机拆机内存或库存产品,芯片生产日期较早,内存条旧或金手指有拔插痕迹。组装条,这类产品是在全新 PCB 上拆 DRAM 芯片形成的,只能从芯片上判断。这类内存对一般应用基本没有问题,但价格差别很大。

③ 次品内存。一种是用内存厂商的次品芯片生产的内存条,这种次品内存在使用过程中会经常出现死机、乱码、内存发热等现象;另一种是内存销售商从内存芯片制造厂商购买芯片,再委托芯片封装厂对芯片进行封装,这类内存条由于厂商封装技术、检测能力均不能达到正规厂家的要求,内存条质量差异很大,工作稳定性差。

(2)购买时的辨别。正品内存条的内存芯片表面一般都很有质感,有光泽或荧光感,有的经过压光处理;而劣质内存条的内存芯片痕迹主要集中在标识附近,且痕迹很均匀,细看可以发现芯片的这些区域与其他部分的质感不大一致,如颜色偏浅、泛白等;观察芯片生产日期及同一根内存条上每个芯片编号是否一致,不同编号的内存芯片性能有差别,容易造成系统工作不稳定;观察芯片管脚是否有浸锡或补焊的痕迹,若有则可能是翻修或翻新的内存条。

PCB 表面应光洁、色泽发亮、元件焊接整齐、焊点均匀而有光泽,边缘整齐而无毛边;PCB 上字迹应清晰、统一。

内存条的金手指要光亮,在 PCB 板上印有厂商标识的字样及贴有激光防伪标签,而劣质的内存条则有发黑发白的现象,发白是镀层质量差的表现;发黑是磨损和氧化的结果。

4.5 内存的故障

内存是计算机中最重要的配件之一,它的作用毋庸置疑,内存最常见的故障有下面几种。

1. 开机无显示

此类故障一般是由于内存条与主板内存插槽接触不良造成的，只要用橡皮来回擦其金手指部位即可解决问题(不要用酒精等清洗)，还有如果内存损坏或主板内存槽有问题也会造成此类故障。因为，内存条原因造成开机无显示故障时，主机扬声器一般都会长时间蜂鸣。

2. Windows 注册表经常无故损坏，提示要求用户恢复

此类故障一般是因为内存条质量不佳引起，很难修复，要通过更换内存条来解决。

3. Windows 经常自动进入安全模式

此类故障一般是由于主板与内存条不兼容或内存条质量不佳引起的，经常发生在高频率的内存用于某些不支持此频率内存条的主板上，一般可以通过在 CMOS 设置内降低内存读取速度来解决。

4. 随机性死机

此类故障一般是由于采用了几种不同芯片的内存条，由于各内存条速度不同，产生一个时间差从而导致死机，一般可以通过在 CMOS 设置内降低内存速度来解决；还有一种可能是内存条与主板不兼容，此类现象一般少见；另外也有可能是内存条与主板接触不良引起计算机随机性死机。

5. 内存加大后系统资源反而降低

此类现象一般是由于主板与内存不兼容引起，经常是高频率的内存条用于不支持此频率的内存条的主板上，当出现这样的故障后，一般可以通过在 CMOS 设置中将内存的速度设置得低一些来解决。

6. 运行某些软件时经常出现内存不足的提示

此现象一般是由于系统盘剩余空间不足造成的，可以通过删除一些无用文件来解决，系统盘剩余空间一般应保持在 300MB 左右。

7. 从硬盘引导安装 Windows 进行到检测磁盘空间时，系统提示内存不足

此类故障一般是由于用户在 config. sys 文件中加入了 emm386. exe 文件，只要将这个文件屏蔽即可。

思 考 题

1. 简述内存的作用。
2. 内存条的主要技术指标有哪些？
3. 如何识别内存条？
4. 如何从功能上对内存条进行分类？
5. 内存条常见的故障有哪些？
6. 到网上查找当前主流内存条的品牌和主要技术参数。

第5章　辅助存储设备

【教学目标】

（1）理解硬盘、光驱等辅助存储器的基本结构、分类和性能指标等。

（2）掌握各种辅助存储设备的选购方法。

（3）了解各种存储设备的常见故障及维护。

【主要教学内容】

（1）存储器是计算机系统必要的组成部分，按其用途分为主存储器（也称内存）和辅助存储器（也称外存）。微型计算机外存储设备包括硬盘、光驱和移动存储设备等，外存通常为磁性介质和光电存储介质等。

（2）本章主要介绍微型计算机外存储设备的相关基础知识、内部结构、技术指标、选购方法以及故障维修等。

5.1　硬　　盘

硬盘是一种利用坚硬的盘片为数据存储基板的存储设备，相比其他外部存储设备有容量大、成本低等优点。目前，常见硬盘的容量一般在 300GB、500GB、640GB、1TB、2TB 和 3TB 等。

5.1.1　硬盘的发展

1956 年，IBM 公司推出的 IBM 350 RAMAC 是现代硬盘的雏形，它相当于两个冰箱的体积，但是其储存容量只有 5MB。1973 年 IBM 3340 问世，它拥有"温彻斯特"这个绰号，这个绰号来源是因为它有两个 30MB 的储存单元，这恰是当时出名的"温彻斯特来福枪"的口径和填弹量，至此硬盘的基本架构被确立。

1999 年，Maxtor 公司发布了首块单碟容量高达 10.2GB 的 ATA 硬盘，从而在硬盘容量发展史上产生了一个新的里程碑。

2000 年，在 IBM 公司推出的 Desk-star 75GXP 和 Desk-star 40GV 两款硬盘中，玻璃盘片取代了传统的铝制合金盘片，硬盘具有了更好的平滑性和更高的坚固性。此外，75GXP 以最大 75GB 的存储能力成为当时容量最大的硬盘，而 40GV 则在数据存储密度方面创造了新的世界纪录。同年希捷公司发布了转速高达 15000RPM 的 Cheetah X15 系列硬盘，成为世界上最快的硬盘。

2001 年新生产的硬盘几乎全部采用了 GMR（Giant Magneto Resistive，巨磁阻）技术，这使得硬盘磁头的灵敏度大幅提升，极大地改善了硬盘的性能。

2003 年，80GB 容量的硬盘产品成为市场主流，新型的 SATA（串口）硬盘 Serial ATA 也逐渐被用户所接受。

2005 年，日立缓存和希捷两公司都宣布将采用磁盘垂直写入技术（Perpendicular Recording），该技术的原理是将平行于盘片的磁场方向改变为垂直（90°），能更加充分地利用存储空间。

2007 年 1 月，日立环球储存科技公司宣布将会发售全球首块 1TB 的硬盘，比原先的预定时间迟了一年多。硬盘的售价为 399 美元，平均每美元可以购得 2.75GB 的硬盘空间。

2010 年 12 月，日立环球存储科技公司宣布，将向全球 OEM 厂商和部分分销合作伙伴推出 3TB、2TB 和 1.5TB Desk-star 7K3000 系列的硬盘。

为了满足消费者对大量数码资料储存的需求，希捷公司率先在 2011 年第 2 季度发布 3.5 英寸 1TB 的硬盘。威腾电子公司（Western Digital WD）在 2011 年第 3 季度推出单碟密度 500GB、厚度仅 9.5mm 的 2.5 英寸 1TB 高容量移动硬盘。

截止到现在，除了容量越来越大，价格越来越低外，硬盘的技术并没有太大的变化。

5.1.2 硬盘的概述

1. 硬盘的结构

本书将从外部和内部两方面对硬盘的组成结构进行介绍，并对各个部件的功能进行简单介绍。

1）硬盘的外部结构

从外观上看，硬盘是一个密封式的金属盒，由电源接口、数据接口、控制电路板等部件所组成，如图 5.1 所示。

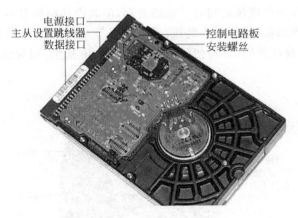

图 5.1　硬盘的外部结构

（1）电源接口与数据接口。电源接口与主机电源相连，为硬盘的正常运转提供持续的电力供应；数据接口是硬盘与主板之间进行数据交换的纽带，通过专用的数据线与主板上的相应接口进行连接。

早期的硬盘主要采用 PATA 接口与主板进行连接，该接口就是通常所说的 IDE 接口，但是 PATA 硬盘随着串口硬盘的兴起，此类硬盘已经逐渐退出硬盘市场。

如今硬盘都采用 SATA（Serial Advanced Technology Attachment）接口与主板连接，有

辅助存储设备

SATA-1、SATA-2 和 SATA-3 标准,所对应的传输速率分别是 150MB/s、300MB/s 和 600MB/s。SATA 接口最大的优点是传输速度快、安装方便、抗干扰能力强以及支持热插拔等。

此外,市场上还有一种采用 SCSI(Small Computer System Interface)接口的硬盘产品,不仅具有传输速度快、稳定性好、支持热插拔等优点,还具有 CPU 占用率低、多任务并发操作效率高、连接设备多、连接距离长等 SATA 硬盘无法比拟的优点,因此被广泛应用于工作站和服务器等领域。

(2)控制电路板。控制电路板一般裸露在硬盘下表面,以利于散热。也有少数硬盘将其完全封装以更好地保护各种控制芯片,同时还可降低噪音。硬盘的控制电路板由主轴调速电路、磁头驱动与伺服定位电路、读写控制电路、控制与接口电路等构成。此外,还有一块高效的单片机 ROM 芯片,用于对硬盘进行初始化,执行加电和启动主轴电机,加电初始寻道、定位以及故障检测等。控制电路板上一般具备 2~8MB SDRAM 的高速缓存。在硬盘控制电路板中,读写控制电路最为重要,主要有两个作用。一是负责将二进制码转换成模拟信号。当数据信息写入时,由中心处理系统传向磁头的是二进制码的数据,读写控制电路将二进制码转换为能够改变电流大小的模拟信号,并传向磁头。二是负责将模拟信号转换成二进制码并放大信号。当读取数据时磁头从盘片获得的是由磁场而产生的电流,电流在向中心处理系统传输时,经过前置放大电路,此时电路的工作是将代表模拟信号的电流转变为中心处理系统能够识别的二进制码,并将微弱的信号放大。

(3)固定盖板。固定盖板实际是硬盘的面板。面板上标注有产品的型号、产地、设置数据等,和底板结合成一个密封的整体,保证硬盘盘片和机构的稳定运行。

2)内部结构

在外部结构方面,各种硬盘之间有一定的差别,但其内部结构基本相同。硬盘内部核心部分包括磁盘盘片、传动轴、读写磁头组件、寻道电机等主要部件如图 5.2 所示。如果在普通环境下随意打开硬盘的外壳,容易使硬盘内部盘面沾染灰尘,而导致硬盘的报废,因此不能随意打开硬盘。

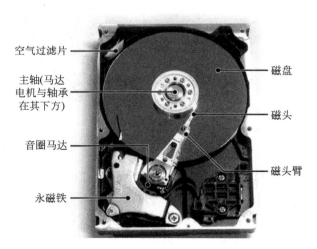

图 5.2　硬盘内部结构图

（1）盘体。盘体从物理的角度分为磁面（Side）、磁道（Track）、柱面（Cylinder）与扇区（Sector）4个部分组成。磁面是盘体的上下两个盘面，第一个盘片的第一面为0磁面，另一面为1磁面；第二个盘片的第一面为2磁面，以此类推……磁道是在格式化磁盘时盘片上被划分的许多同心圆，最外层的磁道为0道。其中，在最靠近中心的部分不记录数据，称为着陆区（Landing Zone），是硬盘每次启动或关闭时，磁头起飞和停止的位置。所有盘片上半径相同的磁道构成一个圆筒，称其为柱面，柱面可用来计算逻辑盘的容量。扇区是磁盘存取数据的最基本单位，将每个磁道等分，这样不难理解每个磁道包含的扇区数目相等，扇区的起始处包含了扇区的唯一地址标识ID，扇区与扇区之间以空隙隔开，便于操作系统识别。盘片是由多个重叠在一起并用垫圈隔开的盘片组成，盘片采用金属或玻璃（IBM公司曾经采用）圆片，表面极为平整光滑，并涂有磁性物质。

（2）读写磁头组件。读写磁头组件由读写磁头、传动手臂、传动轴三部分组成。在具体工作时，磁头通过传动手臂和传动轴以固定半径扫描盘片，以此来读写数据。以前都采用读写合一的电磁感应式磁头设计，由于硬盘在读取和写入数据时的操作特性并不相同，所以操作性能较差。新型GMR磁头采用读写分开操作，性能有了很大的提高。

从1973年IBM公司发明了"温彻斯特"硬盘以来，硬盘的核心机械结构部分的基本原理始终没有脱离"温彻斯特"模式。"温彻斯特"模式的精髓是在密封、固定并高速旋转盘片的每个存储面上有一个沿盘片径向移动的磁头。客观而言，这种模式严重阻碍了硬盘速度的提升。

（3）磁头驱动机构。对于硬盘而言，磁头驱动机构就好比是一个指挥官，它控制磁头的读写，直接为传动手臂与传动轴传送指令。磁头驱动机构主要由音圈电机、磁头驱动小车和防震机构组成。磁头驱动机构对磁头进行正确的驱动，在很短的时间内精确定位到系统指令指定的磁道上，保证数据读写的可靠性。

（4）主轴组件。硬盘的主轴组件主要是轴承和马达，轴承决定一款硬盘的噪音表现，而马达决定性能。从滚珠轴承到油浸轴承再到液态轴承，硬盘轴承处于不断进步中，目前液态轴承已经成为市场的主流，得到众多厂商的支持。由于采用液体作为轴承，金属之间不直接摩擦，这样不但可以延长主轴的寿命、减少发热，而且最重要的是实现了硬盘噪声控制的突破。采用液态轴承对于性能没有任何好处，甚至会延长寻道时间。

至于马达，其直观理解就是磁头转动的速度，速度越高，扫过的盘体面积越大，读写速度也会相应提高。

2. 硬盘工作原理

硬盘驱动器的原理并不复杂，和盒式录音机的原理十分相似，磁头负责读取以及写入数据。硬盘盘片布满了磁性物质，这些磁性物质可以被磁头改变磁极，利用不同磁性的正反两极来代表计算机里的0与1，起到数据存储的作用。写入数据实际上是通过磁头对硬盘盘片表面的可磁化单元进行磁化，就像录音机的录音过程，不同的是，录音机是将模拟信号顺序地录制在涂有磁介质的磁带上，而硬盘是将二进制的数字信号以环状同心圆的形式，一圈一圈地记录在涂有磁介质的高速旋转的盘面上。读取数据时，把磁头移动到相应的位置读取此处的磁化编码状态，将磁粒子的不同极性转换成不同的电脉冲信号，再利用数据转换器将这些原始信号转变成计算机可以识别的数据。

硬盘驱动器加电工作后，利用控制电路中的单片机对模块进行初始化工作，此时磁头置于盘片中心位置,初始化完成后主轴电机启动并高速旋转,装载磁头的小车机构移动,将浮动磁头置于盘片表面的 00 道,处于等待指令的启动状态。当接口电路接收到微机系统传来的指令信号,通过前置放大控制电路,驱动音圈电机发出磁信号,根据感应阻值变化的磁头对盘片数据信息进行正确定位,并将接收后的数据信息解码,通过放大控制电路传输到接口电路,反馈给主机系统完成指令操作。结束硬盘操作或断电状态,在反力矩弹簧的作用下浮动磁头驻留到盘面中心。

5.1.3 硬盘指标

硬盘作为一种机械与电子相结合的设备,其本身融合了机械、电子、电磁等多方面的技术。而且这些技术会对硬盘的使用性能、安全性等方面产生一定的影响。

1. 硬盘的技术指标

1) 接口类型

从整体的角度上,硬盘接口分为 IDE、SATA、SCSI、光纤通道和 SAS 五种,IDE 接口硬盘多用于家用产品中,也部分应用于服务器;SCSI 接口的硬盘则主要应用于服务器市场;而光纤通道只在高端服务器上,价格昂贵;SATA 是种新出现的硬盘接口类型,还正处于市场普及阶段,在家用市场中有着广泛的应用前景;ASA 为串行连接 SCSI,是新一代的 SCSI 技术。

(1) IDE 接口硬盘。IDE(Integrated Drive Electronics,电子集成驱动器)的本意是指把"硬盘控制器"与"盘体"集成在一起的硬盘驱动器。把盘体与控制器集成在一起的方法减少了硬盘接口的电缆数目与长度,数据传输的可靠性得到了增强,硬盘制造更加容易,安装也更加方便。IDE 这一接口技术从诞生至今就一直在不断发展,性能也不断的提高,其拥有的价格低廉、兼容性强的特点,为其造就了其他类型硬盘无法替代的地位。随着技术的发展,这种类型的接口已经被淘汰了。IDE 接口硬盘如图 5.3 所示。

(2) SATA 接口硬盘。使用 SATA(Serial ATA)口的硬盘又叫串口硬盘,是硬盘市场的主流接口。2001 年,由 Intel、APT、Dell、IBM、希捷、迈拓这几大厂商组成的 Serial ATA 委员会正式确立了 Serial ATA 1.0 规范;2002 年,虽然串行 ATA 的相关设备还未正式上市,但 Serial ATA 委员会已抢先确立了 Serial ATA 2.0 规范,以及 Serial ATA 3.0 规范。Serial ATA 采用串行连接方式,串行 ATA 总线使用嵌入式时钟信号,具备了更强的纠错能力,与以往相比其最大的区别在于能对传输指令(不仅仅是数据)进行检查,如果发现错误会自动矫正,这在很大程度上提高了数据传输的可靠性,SATA 接口硬盘如图 5.4 所示。

图 5.3 IDE 硬盘接口

图 5.4 SATA 硬盘接口

（3）SCSI 接口硬盘。SCSI(Small Computer System Interface,小型计算机系统接口)是同 IDE(SATA)完全不同的接口,IDE 接口是普通 PC 的标准接口,而 SCSI 并不是专门为硬盘设计的接口,是一种广泛应用于小型机上的高速数据传输技术。SCSI 接口具有应用范围广、多任务、带宽大、CPU 占用率低,以及热插拔等优点,但是较高的价格使得它很难像 SATA 硬盘一样普及,因此 SCSI 硬盘主要应用于中、高端服务器和高档工作站中,SCSI 硬盘接口如图 5.5 所示。

（4）光纤通道。光纤通道(Fibre Channel)和 SCSI 接口一样,最初也不是为硬盘设计开发的接口技术,是专门为网络系统设计的,但随着存储系统对速度的需求,才逐渐应用到硬盘系统中。光纤通道硬盘是为提高多硬盘存储系统的速度和灵活性才开发的,它的出现大大提高了多硬盘系统的通信速度。光纤通道的主要特性有热插拔、高速带宽、远程连接、连接设备数量大等。

图 5.5　SCSI 硬盘接口

光纤通道是为满足像服务器这样的多硬盘系统而设计的,能满足高端工作站、服务器、海量存储子网络、外设间通过集线器、交换机和点对点连接进行双向、串行数据通信等系统对高数据传输率的要求,光纤通道接口硬盘如图 5.6 所示。

（5）SAS 接口硬盘。SAS(Serial Attached SCSI,串行连接 SCSI)是新一代的 SCSI 技术,和现在流行的 SATA 硬盘相同,都是采用串行技术以获得更高的传输速度,并通过缩短连接线来改善内部空间等。SAS 是并行 SCSI 接口之后开发出的全新接口。此接口的设计是为了改善存储系统的性能、可用性和扩充性,并且提供与 SATS 硬盘的兼容性。SAS 硬盘接口如图 5.7 所示。

图 5.6　光纤通道硬盘接口

图 5.7　SAS 硬盘接口

2）容量

容量是硬盘最直观也是最重要的指标之一。容量越大,所能存储的信息也就越大,大多数被淘汰的硬盘都是因为容量不足,不能适应日益增长的海量数据的存储。目前,主流硬盘的容量有 500GB、1TB、2TB 以及 3TB 以上等,其海量存储能力足以满足目前绝大多数用户的日常需求。在实际应用中,用户会发现硬盘标称容量和系统中实际容量不符,这主要是硬盘厂商和系统对容量的计算方法不同而造成的。

辅助存储设备

众所周知,在计算机中是采用二进制,在操作系统中对容量的计算是以 1024 为进制的,1024B＝1KB,1024KB＝1MB,1024MB＝1GB;而硬盘厂商在计算容量时是以 1000 为进制,每 1000 字节为 1KB,1000KB＝1MB,1000MB＝1GB,两者在进制上的差异造成了硬盘容量的"缩水"。例如,120GB 硬盘,厂商容量计算方法:

$$120GB＝120\ 000\ 000\ 000\ 字节$$

换算成操作系统计算方法:

$$120\ 000\ 000\ 000\ 字节＝114GB$$

在操作系统中,硬盘还必须分区和格式化,系统在硬盘上占用一些空间,提供给系统文件使用。

3）单碟容量

单碟容量(Storage Per Disk)是硬盘的重要参数之一,在一定程度上决定着硬盘档次的高低。硬盘是由多个存储碟片组合而成,而单碟容量就是一个存储碟片所能存储的最大数据量。硬盘厂商在增加硬盘容量时有两种技术:一是增加存储碟片的数量,但会受到硬盘整体体积、生产成本和碟片数量的限制,一般限制在 5 片以内;而另一个办法就是增加单碟容量。

硬盘单碟容量的增加不仅可以带来硬盘总容量的提升,而且也有利于生产成本的控制,提高硬盘工作的稳定性。更高的单碟容量也就意味着更高的数据存储密度、更大的总容量、更高的性能、更低的成本和更短的寻道时间。随着用户对大容量硬盘存储空间的需求,单碟容量将会继续发展,相信在不久的将来,更高容量的硬盘产品将出现。

4）转速

转速(Rotational Speed)是硬盘内电机主轴的旋转速度,也就是硬盘盘片在一分钟内所能完成的最大转数。它是决定硬盘内部传输率的关键因素之一,在很大程度上直接影响到硬盘的速度。硬盘的主轴马达带动盘片高速旋转,产生浮力使磁头飘浮在盘片上方。要将所要存取资料的扇区带到磁头下方,转速越快,则等待时间也就越短。硬盘转速以每分钟多少转来表示,单位为 RPM,即转/分钟,RPM 值越大,内部传输率就越快,访问时间就越短,硬盘的整体性能也就越好。

较高的转速可缩短硬盘的平均寻道时间和实际读写时间,但随着硬盘转速的不断提高也带来了温度升高、电机主轴磨损加大、工作噪音增大等负面影响。目前,家用的台式机硬盘的转速为 5900RPM,7200RPM, 10 000RPM;笔记本硬盘的转速为 5400RPM,7200RPM;服务器的硬盘转速基本采用 10 000RPM,甚至是 15 000RPM。

5）硬盘数据传输率

硬盘数据传输率(Data Transfer Rate,DTR)是硬盘工作时的数据传输速度,是硬盘工作性能的具体表现。它不是一成不变,而是随着工作的具体情况而变化。数据存放在硬盘的不同磁道、不同扇区,数据存放是否连续等因素都会影响到硬盘数据的传输率。因为数据的不确定性,所以厂商在标示硬盘参数时,一般采用外部数据传输率和内部数据传输率。

（1）内部数据传输率(Internal Transfer Rate)。

内部数据传输率是指硬盘磁头与缓存之间的数据传输率,简单说就是硬盘将数据从盘片上读出,然后存储在缓存内的速度,一般以 MB/s 为单位。内部传输率可以明确表现出硬盘的读写速度,是评价一个硬盘整体性能的决定性因素,是衡量硬盘性能的真正标准,只有提高硬盘的内部传输率才能有效提升磁盘系统的性能。目前各硬盘生产厂家为了提高硬盘的内部传输率,除了改进信号处理技术、提高转速以外,最主要的就是不断提高单碟容量。由于单碟容量越大的硬盘线性密度越高,磁头的寻道频率与移动距离也就相应减少,平均寻道时间减少,从而达到内部传输速率的提高。目前 IDE 接口的硬盘的传送速率为 60~70MB/s,较快的 SCSI 硬盘的传送速率为 122~177MB/s,SATA 硬盘的传送速率为 90~100MB/s。

（2）外部数据传输率（External Transfer Rate）。

外部数据传输率也称为接口传输率,是指硬盘缓存和计算机系统之间的数据传输率,也就是计算机通过硬盘接口从缓存中将数据读出交给相应控制器的速率,单位为 MB/s,或用接口类型来代表外部传输速率,如表 5.1 所示。

表 5.1　不同硬盘接口的外部传输速率

数据接口类型	外部传输速率/（MB/s）	数据接口类型	外部传输速率/（MB/s）
ATA133（IDE）	133	SATA2	300
SATA1	150	SATA3	600

表 5.1 中表示的是硬盘的最大理论外部数据传输率,由于在实际应用中会受到多种因素的影响,因此,在实际的日常工作中无法达到这个数值。

6）缓存

缓存（Cache Memory）是硬盘控制器上的一块内存芯片,具有极快的存取速度,是硬盘内部存储和外界接口之间的缓冲器,也是硬盘的内部数据传输速度和外部传输速度的缓冲器。缓存的大小与速度直接关系到硬盘的传输速度,影响到硬盘的整体性能。

硬盘的缓存主要有三种作用:一是预读取,当硬盘收到 CPU 指令开始读取数据时,硬盘上的控制芯片会控制磁头把正在读取的下一个簇或几个簇中的数据读到缓存中（由于硬盘上数据存储是连续的,所以读取命中率较高）,当需要读取下一个或几个簇中的数据时,硬盘则不需要再次读取数据,而是直接把缓存中的数据传输到内存中,由于缓存的速度远远高于磁头读写的速度,所以能够达到明显改善性能的目的;二是对写入动作进行缓存,当硬盘接到写入数据的指令之后,并不会马上将数据写入到盘片上,而是先暂时存储在缓存里,然后发送一个"数据已写入"的信号给系统,这时系统会认为数据已经写入,并继续执行下面的工作,而硬盘则在空闲时再将缓存中的数据写入到盘片上。这种方法虽然有利于写入数据性能的提升,但同时带来了安全隐患——如果数据还在缓存里时突然掉电,那么这些数据就会丢失。对于这个问题,硬盘厂商已有解决办法,掉电时,磁头会借助惯性将缓存中的数据写入零磁道以外的暂存区域,等到下次启动时再将这些数据写入目的地;最后就是临时存储最近访问过的数据。有时,某些数据经常需要访问,硬盘内部的缓存会将读取比较频繁的一些数据存储在缓存中,当这些数据再次读取时就可以直接从缓存中直接传输。

不同品牌、不同型号产品的缓存容量大小各不相同,虽然硬盘的缓存能提高硬盘的访问速度,但并不意味着缓存越大就越好。缓存的应用存在一个算法的问题,即命中率问题。算法和缓存容量相辅相成,大容量的缓存需要更有效的算法。更大容量缓存是未来硬盘发展的必然趋势。

辅助存储设备

7）平均寻道时间

平均寻道时间（Average Seek Time）也是硬盘性能的重要参数之一，是指硬盘在接收到系统指令后，磁头从开始移至数据所在磁道所花费时间的平均值。它在一定程度上体现了硬盘读取数据的能力，是影响硬盘内部数据传输率的重要参数，单位为毫秒（ms）。不同品牌和型号的硬盘平均寻道时间不同，时间越低，产品越好。

平均寻道时间实际上是由转速、单碟容量等多个因素综合决定的一个参数。一般来说，硬盘的转速越高，其平均寻道时间就越低；单碟容量越大，其平均寻道时间就越低。

2. 硬盘数据保护技术

数据的宝贵程度远胜于硬盘自身的价值，特别是对商业用户而言，一次普通的硬盘故障便足以造成灾难性的后果，在这样的背景下，硬盘数据保护技术应运而生。

1）S. M. A. R. T. 技术

S. M. A. R. T.（Self-Monitoring, Analysis and Reporting Technology，自监测、分析及报告）技术。S. M. A. R. T. 监测的对象包括磁头、磁盘、马达、电路等，由硬盘的监测电路和主机上的监测软件对被监测对象的运行情况与历史记录及预设的安全值进行分析、比较，当出现安全值范围以外的情况时，会自动向用户发出警告，更先进的技术还可以提醒网络管理员，自动降低硬盘的运行速度，把重要数据文件转存到其他安全扇区，甚至把文件备份到其他硬盘或存储设备。可以对硬盘潜在故障进行有效预测，提高数据的安全性。但是，它只能对渐发性的故障进行监测，对于一些突发性的故障，如盘片突然断裂等，却无能为力。因此，备份仍然是必须的。

2）SPS 和 DPS 技术

SPS（Shock Protection System，震动保护系统）是由昆腾公司开发的，使硬盘在受到撞击时，保持磁头不受震动，磁头和磁头臂停泊在盘片上，冲击能量被硬盘其他部分吸收，这样能有效地提高硬盘的抗震性能，使硬盘在运输、使用及安装的过程中最大限度地免受震动。

DPS（Data Protection System，数据保护系统）可快速自动检测硬盘的每一个扇区，并在硬盘的前 300MB 空间定位存放操作系统或其他应用系统的重要部分。当系统发生问题时，DPS 可以在 90s 内自动检测并恢复系统数据，即使系统无法自起，也可以用包含 DPS 的系统软盘启动系统，再通过 DPS 自动检测并分析故障原因，尽可能保护数据不丢失。

3）Shock-Block 和 Max-Safe 技术

Shock-Block 是迈拓公司在其金钻二代硬盘上使用的防震技术，它的设计思想和昆腾公司的 SPS 相似，采用先进的设计制造工艺，在意外碰撞发生时，尽可能避免磁头和磁盘表面发生撞击，减少因此而引起的磁盘表面损坏。

Max-Safe 同样也是金钻二代拥有的独特数据保护技术，它可以自动侦测、诊断和修正硬盘发生的问题，提供更高的数据完整性和可靠性。Max-safe 技术的核心是 ECC（Error Correction Code，错误纠正代码）功能，它在数据传输过程中采用特殊的编码算法，加入附加的 ECC 检验位代码并保存在硬盘上。当数据保护重新读出或写入时，通过解码方式去除额外的检验位和原来保存的数据对照。如果编码和解码过程中发生错误，将重新读出数据并保持数据的完整性。

4）Sea-shield 和 DST 技术

Sea-shield 是希捷公司推出的防震保护技术。Sea-shield 提供了由减震弹性材料制成的保护软罩,配合磁头臂及盘片间的加强防震设计,为硬盘增强了防震能力。另外,它也提供了印刷电路底板静电放电硬罩及其他的防损害措施,保证了硬盘的可靠性。

DST(Drive-Self Test,驱动器自我测试)功能是希捷新增的数据保护技术,在硬盘的固件中,提供数据保护的自我检测和诊断功能,在用户卸下硬盘时先进行测试诊断,避免数据的丢失。

5)DFT 技术

DFT(Drive Fitness Test,驱动器健康检测)技术是 IBM 公司为其 PC 硬盘开发的数据保护技术,它通过使用 DFT 程序访问 IBM 硬盘里的 DFT 微代码对硬盘进行检测,可以让用户方便快捷地检测硬盘的运转状况。

DFT 微代码可以自动对错误事件进行登记,并将登记数据保存到硬盘上的保留区域中。DFT 微代码还可以实时对硬盘进行物理分析,如通过读取位置错误信号来计算盘片交换、稳定性、重复移动等参数,并给出图形供用户或技术人员参考。

5.1.4 硬盘的选购

硬盘作为计算机的重要组成部件之一,在整个计算机系统中起着重要作用。用户在购买硬盘时,除了考虑容量价格以外,转速、缓存大小、单碟容量以及接口类型等参数也是不容忽视的,它们对硬盘的性能有着直接的影响。

1. 依用户需求

用户需求不同,对硬盘的要求就有所不同。针对游戏爱好者,对硬盘的寻道时间比较敏感。如游戏场景切换时虽然数据的传输量并不大,但是对平均寻道时间要求较高,一般建议选择主流的 7200RPM 硬盘。对视频工作者,视频捕捉需要极高的连续传输能力和很大存储容量,一般选择 7200RPM 硬盘,如果经济条件允许的话,可使用两块硬盘来组建 RAID 0 磁盘阵列。商用软件用户群体需要时刻开机,首先要考虑的是硬盘稳定性,其次要求硬盘发出的噪音尽可能小,而对容量和速度的要求不高。大型软件用户,首先要考虑硬盘的速度,然后兼顾各方面的因素,建议选择主流的 7200RPM 硬盘。对普通用户而言,计算机的性能要求不高,选择主流的硬盘产品即可。

2. 依参数而选

选购硬盘不但要求对硬盘的容量进行选择,还要对产品的性能进行选择。与计算机其他配件一样,硬盘的性能指标如单碟容量、转速、缓存等可以作为选购时的一些考虑参数。

(1)容量:容量是硬盘的重要指标,目前主流产品的容量多在 500GB 以上,且正向 2TB 以上大容量硬盘过度。当然,容量越大也就意味着价格越高,在选购时应按需购买。

(2)转速:转速越高,硬盘内部的数据传输速度也就越高。市场上,硬盘的转速主要为 7200RPM,此外,SCSI 接口硬盘的转速则达到 10 000 甚至 15 000RPM,但它们的价格较高,主要用于服务器。

(3)缓存:缓存越大,能够存储的数据也就越多,速度也就越快。如果有大缓存,则可以将那些零碎数据暂存在缓存中,以减小外系统的负荷,也提高了数据的传输速率,从而提高整个平台的传输性能。由于硬盘性能逐渐变成整台计算机性能的关键,推荐选择大缓存硬盘,以此来提升性能。

（4）接口：硬盘接口主要分为 SATA1、SATA2、SATA3。不同的硬盘接口决定着硬盘与计算机之间的连接速度,目前,在理论上 SATA 1 达到 150MB/s,SATA2 是在 SATA1 的基础上发展起来的,接口速率达到 300MB/s,SATA3 接口速率达到 600MB/s。

5.2　固态硬盘

传统机械硬盘在传输速率方面受限于物理因素,不可能太快,接口带宽即使是 SATA3 接口的高速优势在机械硬盘上也难以表现出来。这样 SSD 硬盘技术迅速发展了。

5.2.1　固态硬盘概述

固态硬盘(Solid State Disk,SSD)俗称固态驱动器,简称固盘,由控制单元和存储单元(Flash 芯片)组成,是用固态电子存储芯片阵列而制成的硬盘,固态硬盘的接口规范和定义、功能及使用方法与普通硬盘的相同,如图 5.8 所示。

1. 固态硬盘的发展历程

1989 年,世界上第一款固态硬盘出现。

2008 年 9 月,Memo-Right 忆正公司 SSD 正式发布,标志着中国企业加速进军固态硬盘行业。

2010 年 2 月,镁光公司发布了全球首款 SATA 6Gb/s 接口固态硬盘,终于突破了 SATAII 接口 300MB/s 的读写速度极限。

2013 年 7 月,Goldendisk 中国深圳云存科技公司推出了军工级 512GB 固态硬盘。

2014 年 6 月,Intel 公司推出企业级固态盘,企业级固态硬盘也随着用户应用需求的变化不断发展、创新,实现了从 SATA 到 PCI 接口标准的更新,制造工艺的不断改进,以及主控芯片的成功研发。

2. 固态硬盘的结构

基于闪存的固态硬盘是固态硬盘的主要类别,其内部构造十分简单,固态硬盘内主体其实就是一块 PCB 板,而这块 PCB 板上最基本的配件就是主控芯片,缓存芯片(部分低端硬盘无缓存芯片)和用于存储数据的闪存芯片,如图 5.9 所示。

图 5.8　SSD 硬盘

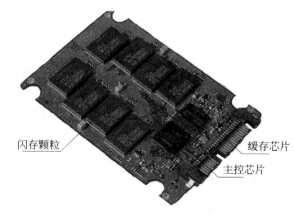

图 5.9　SSD 内部结构图

（1）主控芯片：主控芯片是固态硬盘的大脑，其作用一是合理调配数据在各个闪存芯片上的负荷；二是承担整个数据中转，连接闪存芯片和外部 SATA 接口。不同的主控芯片数据处理能力相差非常大。算法在闪存芯片的读取写入控制上有非常大的不同，直接导致固态硬盘产品在性能上的差距。市面上比较常见的固态硬盘有 LSISandForce、Indilinx、JMicron、Marvell、Golden-disk、Samsung 以及 Intel 等多种主控芯片。

（2）缓存芯片：主控芯片旁边是缓存芯片，固态硬盘和传统硬盘一样需要高速的缓存芯片辅助主控芯片进行数据处理。需要注意的是，有些廉价的固态硬盘为了节省成本，省去了这块缓存芯片，这样对于使用时的性能会有一定的影响。

（3）闪存芯片：除了主控芯片和缓存芯片以外，PCB 板上其余的大部分位置都是 NAND Flash 闪存芯片了。NAND Flash 是 Flash 内存的一种，内部采用非线性宏单元模式，应用于大容量数据的存储。闪存芯片又分为 SLC（单层单元）、MLC（多层单元）以及 TLC（三层单元）NAND 闪存。

5.2.2　固态硬盘的特点

新产品的产生必定在某些方面优越于传统产品。因此固态硬盘与传统机械硬盘相比，在以下方面具有特点。

1. 内部结构

SSD 硬盘包括主控、缓存、Flash。传统机械硬盘包括马达、磁头、磁盘。SSD 硬盘具有低功耗、无噪音、抗振动、低热量、体积小、工作温度范围大。它没有机械马达和风扇，工作时噪音值为 0dB。基于闪存的固态硬盘在工作状态下能耗和发热量较低（但高端或大容量产品能耗较大）。另外，由于固态硬盘不存在任何机械活动部件，不会发生机械故障，也不怕碰撞、冲击、振动等。

2. 读写速度快

SSD 采用闪存作为存储介质，读取速度相对机械硬盘更快。固态硬盘不用磁头，寻道时间几乎为 0。持续写入的速度非常惊人，固态硬盘厂商大多会宣称固态硬盘持续读写速度超过了 500MB/s，固态硬盘的快绝不仅体现在持续读写上，随机读写速度快才是固态硬盘的最大优势，存取时间低，最常见的 7200 转机械硬盘的寻道时间一般为 12～14ms，而固态硬盘可以达到 0.1ms 甚至更低。

3. 寿命限制

固态硬盘的闪存存在擦写次数有限的问题，如 34nm 的闪存芯片寿命约是 5000P/E（闪存的寿命），而 25nm 的寿命约是 3000P/E（完成一次叫做 1 次 P/E，所以闪存的寿命以 P/E 做单位）。例如，一款 120GB 的固态硬盘，要写入 120GB 的数据才算做一次 P/E。普通用户即使每天写入 50GB，平均两天完成一次 P/E。那么一年就是 180 次 P/E。这样计算，3000 次 P/E 的固态硬盘可以用 10 余年。

4. 数据难以恢复

一旦固态硬盘上的数据发生损坏，要想在被电流击穿的芯片中找回数据那几乎就是不可能的。

5.2.3　固态硬盘的应用

由于固态硬盘具有以上特点，因此在实际应用中常用来安装操作系统，以减少开机等待时间。虽然说 SSD 和 HDD 装系统的过程没本质的差别,无论用光盘或 U 盘直接安装 Windows 也好,或者用 WinPE 和 Ghost 直接克隆系统镜像也好,都和平时没差别,但是在装系统前和装好后却有不少值得注意的地方,介绍如下。

1. 选择固态硬盘装系统的理由

固态硬盘装系统能够带来计算机性能的迅猛提升,特别是日常操作的流畅度,因为系统盘承担着计算机上主要的读写操作任务。传统硬盘由于内部传输率的问题,读写速度平均只能在 100MB/s,而 SSD 固态硬盘则可以通过多个 NAND 芯片共同读取,达到 500MB/s 的读写效率,在 PC 长期无法突破的磁性能方面,由于固态硬盘的出现终于攻克。

2. 固态硬盘如何选择操作系统

其实固态硬盘装系统和传统硬盘没有区别,毕竟它们在操作系统看来都是物理存储设备,所以主要按照正常流程设置并安装就可以了。需要注意的是,固态硬盘内部的 GC 和 Trim 等垃圾回收机制,需要起码 Windows 7 操作系统才能够支持,如果安装了 Windows XP 系统则意味着固态硬盘的寿命会降低。因此推荐 Windows 7 或更高版本的操作系统。

3. 如何使用固态硬盘装系统

首先,开启主板的 AHCI 模式。AHCI 通过包含一个基址寄存器(PCI BAR),来实现原生 SATA 功能,可以实现包括 NCQ、热拔插在内的诸多功能。实际方法是在 BIOS 里开启 AHCI 模式,一般在 Advanced(高级设置)选项中将 SATA controller Mode 中系统默许的 AHCI 改变成为 compatibility,意思就是允许 AHCI 模式。开启之后固态硬盘就可以享受更高性能和安全性。

其次,选择 4K 对齐问题。现代硬盘将每个扇区 512 字节改成每个扇区 4096 字节,就是所谓的"4K 扇区"。4K 没对齐导致 SSD 的随机读写能力大幅度下降,最简单的就是 Windows 7 重新分一次区,因此 Windows 7 分区是按 4K 分区来进行的。如果已经安装了操作系统,并且忘记 4K 对齐,那么使用 Paragon Alignment Tool 来进行 4K 对齐也没有问题,它对于硬盘也是没有伤害的。

最后,正常执行系统安装流程。为了避免选择盘符失败,可以把其他硬盘拔掉,单独给 SSD 固态硬盘安装操作系统,然后再接上其他硬盘,则盘符自动顺延。在安装 Windows 7 的时候会有 100MB 的系统保留空间,可以不在乎这点问题,它不会对系统性能造成影响。

实际应用时,建议大家使用 64GB 以上大小的固态硬盘作为系统盘,这样做的好处是可以给系统盘留下足够的空间。

5.3 光驱与光盘

光盘存储技术是 20 世纪 70 年代初开始发展起来的一项高新技术。光盘存储具有存储密度高、容量大、可随机存取、保存寿命长、工作稳定可靠、轻便易携带等优点,特别适用于大数据量信息的存储和交换。光盘存储技术不仅能满足信息化社会海量信息存储的需求,而且能够同时存储声音、文字、图形、图像等多种媒体的信息,从而使传统的信息存储、传输、管理和使用方式发生了根本性的变化。

5.3.1 光盘驱动器概述

1. 光驱的历史与发展

(1) 第一代光驱：标准型。第一代光驱之所以叫做标准型，是因为第一代光驱制定了很多光驱的标准，并且沿用至今，如一张光盘的容量为 640MB（这里称的光盘是传统的 CD-ROM），单倍速光驱的数据传输率为 150KB/s，这一标准也奠定了几倍速光驱这种独特的叫法，如 40 倍速光驱的传输速度为 150KB/s×40＝6000KB/s。

第一代光驱的特点是，光驱刚刚出现，制定了光驱的很多技术标准，作为软驱与硬盘交换数据的替代品，增大了容量，提高了速度，极大地提高了效率。那时候国内品牌非常少，比较有代表的品牌有 SONY、Philips 及三星等。

(2) 第二代光驱：提速型。第二代主要是指光驱从 4 速发展到 24 速（32 速）这一时期，光驱发展了一段时间，由于其相对于软盘极大的优越性，逐渐普及起来，成为装机时的标准配置，但是，速度低成为了它的限制。

第二代光驱的特点是，光驱逐渐普及了，但速度慢的弱点也很突出，提高速度成为各家制造厂商技术竞争的首要目标。光驱支持的格式也渐渐多了。

(3) 第三代光驱：发展型。随着光驱的传输速度不断提高，传输速度慢的问题已得到解决，但速度提高后所带来的问题却渐渐显现。高速度的旋转会产生震动、噪音和热能，震动也会使激光头难以定位，寻道时间加长，并容易与激光头发生碰撞，刮花激光头；产生的热能会影响光盘上的化学介质，影响激光头的准确定位，延长寻道时间；这些噪音会使人精神上产生不悦的效果、容易疲劳。针对这些问题，不同的生产厂家也推出了相应的改善技术。

第三代的特点是，速度已不是各厂商发展技术的主要目标，大家纷纷推出新技术，使光驱读盘更稳定，发热量更低，工作起来更安静，寿命更长。国内厂商发展起来，成为市场主流。

(4) 第四代光驱：完美型。经过几年的发展，光驱的技术已经趋于成熟，各家厂商的产品虽然可能采用的技术略有不同，但产品品质都臻于完善，甚至说完美，表现在纠错率更强，传输速度更快，工作更稳定、更安静，发热量更低等方面。

2. 光驱的种类

光驱分类有不同的方法，根据光盘的存储技术分为 CD-ROM（只读光盘驱动器）、DVD 光驱（DVD-ROM）、康宝（COMBO）、刻录机（DVDRW）、蓝光康宝（BD-ROM）以及蓝光刻录机（BD-RE）等。

根据光驱是否放在机箱内部，分为内置式光驱和外置式光驱。

根据光驱的接口分为 IDE 接口、SCSI 接口、SATA 接口和 USB 接口。

3. 光驱的结构

在光驱内部机械驱动部分和激光头组件是最为重要的部分。

机械驱动部分：机械驱动部分由三个不同功能的电机组成，一是控制光盘进/出仓的光盘加载电机；二是控制激光头沿光盘半径作径向运动的激光头驱动电机；三是主轴电机，它用于带动光盘做高速旋转。

激光头组件：激光头是光盘驱动器内最为重要的部件，是光盘驱动器读取光盘信息、刻录机向光盘内写入信息的重要工具。

4. 光驱的工作原理

光驱是一个结合光学、机械及电子技术的产品。激光光源来自于一个激光二极管,它可以产生波长约 $0.54\sim0.68\mu m$ 的光束,光束经过处理后,集中且能精确控制。光束首先射在光盘上,经过光盘反射后,光检测器捕获反射回来的信号。光盘上有凹点和空白两种状态,它们的反射信号相反,很容易被光检测器识别。检测器所得信息只是光盘上凹凸点的排列方式,再经驱动器中专门的部件进行转换和校验,最后得到实际数据。光盘在光驱中高速转动,激光头在电机的控制下前后移动读取数据。

只读光盘的数据只能被光驱读出,而光盘上的内容无法被修改。随着新技术的发展,出现了能够向光盘写入数据的光驱,其中主要有提供一次写入的 CD-R(CD-Recordable)光驱和多次写入的 CD-RW(CD-Rewritable)光驱。这种光驱称为光盘刻录机,当然刻录机刻录时需要特殊的存储介质 CD-R 光盘和 CD-RW 光盘。

5.3.2　DVD-ROM 光驱的技术指标

随着 DVD 数字多媒体技术的日益成熟和用户对影音娱乐需求的逐步增加,如今已经有越来越多的用户开始将 DVD 光盘驱动器或 DVD 刻录机作为计算机的标准配置。

1. 倍速

该指标指的是光驱传输数据的速度大小,根据国际电子工业联合会的规定,就目前而言,光驱的倍速是用户选购光驱的一个很重要的参考指标,因为该指标决定了数据传输的速度。

2. 平均寻道时间

平均寻道时间是衡量光存储产品的一项重要指标,是指光驱的激光头从原来的位置移到指定的数据扇区,并把该扇区上的第一块数据读入高速缓存所花费的平均时间。平均寻道时间越短,数据传输速度就越快,光驱的性能就越好。

光存储产品的速度一直在提高,数据传输速度低下的问题得到了解决,但速度提升之后却带来了一些新的问题。高速度旋转的盘片容易产生震动、发出噪音、产生更大的热量,其中震动会使激光头定位难度增加,必然导致寻道时间变长,因此在光驱倍速增加的同时,激光头的传动机构和定位系统也一直在发展,这样才能保障在提高倍速的同时,降低寻道时间。

3. 多格式支持

多格式支持是指 DVD-ROM 光驱所支持或兼容读取多少种光盘,种类越多其适用范围越广。一般来说,一款合格的 DVD-ROM 光驱除了能够支持 DVD-ROM、DVD-VIDEO、DVD-R、CD-ROM 等常见的光盘外,还应该能够读 CD-R/RW、CD-I、VIDEO-CD、CD-G 等光盘类型。

4. 数据缓存

数据缓存的容量影响着 DVD 光驱的整体性能,缓存容量越大,DVD 光驱所表现的性能就越好。目前市场上的主流 DVD 光驱大都拥有 512KB 以上的缓存。

5. 刻录功能

选用带刻录功能的刻录光驱可以将家庭数码相机、家庭 DV 等数码设备录制的影音资料录制到光盘上,以便更好的保存。

5.3.3 光盘

自 1985 年 Philips 和 Sony 公司公布了在光盘上记录计算机数据的黄皮书以来，光盘便在计算机领域得到了广泛的应用。CD-ROM 光盘不仅可交叉存储大容量的文字、声音、图形和图像等多种媒体的数字化信息，而且便于快速检索。光盘上的数据存储和硬盘不同，它没有簇的概念，而是按轨道的方式存储，硬盘是由一组同心圆组成的，而光盘则由一条从中心开始的渐开线组成。如果把这条渐开线展开，它是一根完整的线，这条线被称为"轨"。

在光盘表面敷有一层薄膜，刻录时，刻录机将大功率的激光按照要刻录信息的要求，照射在这层薄膜上，薄膜上便会形成相应的平面和凹坑。光盘读取设备将这些平面和凹坑信息转化为 0 和 1，将光盘的物理信息转换为数字信息。对于 CD-R 盘片，这种薄膜上的物理变化是一次性的，写入之后，就不能修改，而 CD-RW 盘片上的薄膜材质多为银、硒或碲的结晶体，这种薄膜能够呈现结晶体和非结晶体两种状态。在激光束的照射下，材料可以在两种状态之间转换，所以 CD-RW 盘片可以重复写入。

光盘的不同格式如下。

1. CD 光盘

CD 代表小型镭射盘，是一种用于所有 CD 媒体格式的术语，包括音频 CD、CD-ROM、CD-ROM XA、照片 CD、CD-I 和 CD 等多种类型。

2. DVD 光盘

DVD 系列是目前最为常见的光盘类型，如今共有 DVD-Video、DVD-ROM、DVD-R、DVD-RAM、DVD-Audio 五种不同的光盘数据格式，被广泛应用于高品质音、视频的存储，以及数据存储等领域。

3. 蓝光光盘

这是一种利用波长较短(405nm)的蓝色激光读取和写入数据的新型光盘格式，其最大的优点是容量大，非常适用于高画质的影音及海量数据的存储。

目前，一个单层蓝光光盘的容量已经可以达到 22GB 或 25GB，能够存储一部长达 4 小时的高清电影；双层光盘可以达到 46GB 或 54GB 的容量，足够存储 8 个小时的高清电影。

4. HD-DVD 光盘

HD-DVD 光盘是一种继承了标准 DVD 数据层的厚度，却采用了蓝光激光技术，以较短的广播长度来实现高密度存储的新型光盘。

与目前标准的 DVD 单层容量 4.7GB 相比，单层 HD-DVD 光盘的容量可以达到 15GB，并且延续了标准 DVD 的数据结构(架构、指数、ECC blocks 等)，唯一不同的是，HD-DVD 光盘需要接收更多用于错误校对的 ECC blocks。

5.3.4 光盘的组成结构

常见的 CD 或 DVD 光盘非常薄，其厚度只有 1.2mm，但却包括了很多内容。光盘主要分为 5 层，包括基板、记录层、反射层、保护层、印刷层。

1. 基板

基板是各功能性结构(如沟槽等)的载体，其使用的材料是聚碳酸酯(PC)，具有冲击韧性好、使用温度范围大、尺寸稳定性好、耐候性和无毒性的特点。一般来说，基板是无色透明的聚碳酸酯板,在整个光盘中,它不仅是沟槽等的载体,更是整个光盘的物理外壳。

2. 记录层

记录层又称为燃料层,是烧录时刻录信号的地方,其主要的工作原理是在基板上涂抹上专用的有机染料,以供激光记录信息。由于烧录前后的反射率不同,经由激光读取不同长度的信号时,通过反射率的变化形成 0 与 1 信号,借以读取信息。目前市场上存在三大类有机染料:花菁(Cyanine)、酞菁(Phthalocyanine)及偶氮(AZO)。

3. 反射层

反射层是光盘的第三层,是反射光驱激光光束的区域,借反射的激光光束读取光盘中的资料。其材料为纯度为 99.99% 的纯银金属。它就如同镜子,此层就代表镜子的银反射层,光线到达此层,就会反射回去。一般来说,光盘可以当作镜子用,就是因为有这一层的缘故。

4. 保护层

保护层是用来防止光盘中的反射层及染料层信号被破坏。材料为光固化丙烯酸类物质。另外,现在市场上使用的 DVD+/−R 系列还需在以上的工艺上加入胶合部分。

5. 印刷层

印刷层是印刷盘片的客户标识、容量等相关资讯的地方,也就是光盘的背面。其实,它不仅可以标明信息,还可以起到一定保护光盘的作用。

5.3.5 光盘的选购

随着光存储技术的不断发展,光储产品也在不断更新和升级,价格却在不断降低。劣质的刻录盘不但会使存储数据突然丢失,关键时刻数据无法读取,还会严重影响刻录机的寿命。如何在形形色色、品牌众多的刻录盘中选购呢?

目前市场上刻录光盘有 BenQ、SONY、TDK、清华同方、大自然、Philips 等品牌,各种品牌的产品,在价格和质量方面存在不小的差异。刻录光盘的质量优劣,主要取决于两个方面:有机染料和光盘基板。

光盘分为绿盘、蓝盘、金盘,这是根据光盘所采用的有机染料的不同而形成的。目前,比较常用的有机染料有花青素(绿盘)、钛菁(金盘)和苯二甲蓝染料(蓝盘)等,盘片所采用染料的不同,在抗光性和耐用性方面就有较大的差别。通常情况下,金盘的刻录数据质量是最好的,不仅兼容性最好,而且保存时间最长。

识别刻录碟片,通常分为两种方法,一种是外观识别;另一种是软件识别。对于普通用户只能靠外观识别。外观识别通常通过环码来鉴别,不同碟片制造商的环码是不同的。环码就是光盘最内圈印刷的一行字码,因为其围绕圆心呈环形排列,所以习惯称为环码。

按照目前市场,品牌好、口碑好的刻录光盘产品,将成为市场消费的主流。品牌光盘片与杂牌散片相比,价格不高,但产品的品质却有很大差别。推荐选购如 SONY、明基、飞利浦等知名品牌的刻录光盘产品。

5.4 移动存储器

随着人们对随身存储能力的需求,移动存储设备以其存储容量大、便于携带等特点逐渐发展并成为用户较为认可的外部存储设备。目前,市场上的移动存储设备类型众多,但总体来说可以分为移动硬盘、U盘和存储卡三种类型。

5.4.1 移动硬盘

移动硬盘(Mobile Hard disk)是以硬盘为存储介质,计算机之间交换大容量数据,强调便携性的存储产品。例如,当前市场上绝大多数的移动硬盘都是在标准2.5英寸硬盘的基础上,利用USB接口来增强便携性的产品,图5.10所示为一款采用USB 3.0接口带移动硬盘。

1. 移动硬盘的尺寸规格

当前市场上的移动硬盘主要有1.8英寸、2.5英寸和3.5英寸三种规格。其中,1.8英寸的移动硬盘具有体积小、便于携带等优点,但价格较为昂贵,图5.11所示为一款尺寸规格为1.8英寸的移动硬盘,其大小和普通的银行卡大小相似。

图5.10 移动硬盘

图5.11 1.8英寸移动硬盘与公交卡大小比较

相比之下,3.5英寸移动硬盘的体积较大,便携性差,但性能较为优秀。2.5英寸的移动硬盘则在产品价格和便携性之间取得了较好的平衡,因此成为移动硬盘市场内的主流产品。

2. 移动硬盘的选购

移动硬盘是计算机之间交换大容量数据的中间存储器,它不再是高端用户才用得起的移动存储设备,而已成为普通用户所熟悉和接受的常见产品。于是越来越多的用户开始购买移动硬盘。可以从下面几个因素选购移动硬盘。

1) 容量

市面上销售的移动硬盘的容量有 320GB、500GB、600G、640GB、900GB、1000GB(1TB)、1.5TB、2TB、2.5TB、3TB、3.5TB、4TB等,最高可达12TB,可以说它是U盘、磁盘等闪存产品的升级版。移动硬盘只是作为过渡性存储介质,没有必要使用很大的容量。但由于硬盘容量和价格并非成正比,大容量往往有更高的性价比,而且低于320GB的移动硬盘已逐渐淘汰,所以建议购买新移动硬盘时要选择320GB以上的。

2) 体积大小

1.8英寸移动硬盘体积小、便于携带,但是价格较为昂贵;2.5英寸移动硬盘盒可以用于笔记本计算机硬盘,2.5英寸移动硬盘盒体积小重量轻,便于携带,一般没有外置电源。3.5英寸的硬盘用于台式机硬盘,体积较大,便携性相对较差。3.5英寸的硬盘盒内一般都自带外置电源和散热风扇。

3) 接口

移动硬盘一般都采用 USB 接口和 IEEE1394,其中 USB 接口最为常用,但分为 USB 1.1、USB2.0、USB3.0 三种不同版本,USB1.1 的传输速率仅为 12Mb/s,已被淘汰,USB2.0 理论速度为 480Mb/s,USB3.0 理论传输速率可达 4.8Gb/s 并逐渐成为主流。IEEE1394 接口特点是传输速度快(400Mb/s～1Gb/s),CPU 占有率低,但由于普及率较低,因此采用该接口的产品较少。

4) 购买品牌产品或组装产品

品牌移动硬盘在出厂时就已经完成产品封装和检查,购买后可以直接使用。它经过严格的性能测试,在使用过程中能够有效降低移动硬盘出现故障的概率,可以最大限度地保证数据安全,但价格较贵;组装移动硬盘,其整体性能在一定程度上取决于所有硬盘与硬盘盒的质量,它的花费要低于品牌产品,性价比较高。

5) 供电部分

移动硬盘的供电问题不仅对产品的易用性有影响,还和产品的寿命有关系。一般来说,在没有足够电力供应的情况下,硬盘将无法正常运行,直接表现为速率降低或运行不稳定。此外,供电不足还会导致硬盘在工作时磁头传动臂经常性地停顿,严重时还会损坏物理磁道。

6) 防震和加密设计

在防震和加密设计方面,品牌产品无疑比组装产品更为优秀。为了提高移动硬盘的自我保护能力,除了采用主动防震保护措施外,通过吸收震动能量来降低硬盘受损概率的被动式保护被广泛采用,而这类保护措施通常是靠增加气垫等外部构件来实现的。加密设计,则更是品牌移动硬盘才具有的数据安全保护措施,具体实现方法随着品牌的不同也有一定差异,用户在购买移动硬盘时可根据需要进行选择。

5.4.2　U 盘

随着计算机数据存储技术的发展,各种类型的移动存储设备应运而生。其中,U 盘以其体积小、使用方便等优点,成为目前最为普及的移动存储设备之一,如图 5.12 所示。

U 盘,全称 USB 闪存驱动器,英文名 USB Flash Disk。它是一种使用 USB 接口的无需物理驱动器的微型高容量移动存储产品,通过 USB 接口与计算机连接,实现即插即用。其名称只是人们惯用的一种称呼。

目前,市场上 U 盘的产品种类繁多,不同产品的性能、造型、颜色和功能都不相同,但从其作为移动设备的各方面来看,U 盘具有以下特点:

不需要驱动程序,无外接电源;容量大(4～

图 5.12　U 盘

256GB);体积小巧,有些产品仅大拇指般大小,重量也只有 15g 左右;使用简便,即插即用,可带电插拔;存取速度快;可靠性好,可擦写次数在 100 万次左右,数据至少保存 10 年;抗震,防潮,耐高低温,携带十分方便;具备系统启动、杀毒、加密保护等功能。

在此基础上细分的话,还可根据不同 U 盘的功能,将其分为启动型 U 盘、加密型 U 盘、杀毒型 U 盘、多媒体型 U 盘等不同类型。

1. 加密型 U 盘

加密型 U 盘分为两类，第一类使用硬件加密技术，这种技术一般是通过 U 盘的主控芯片进行加密，安全级别高，不容易被破解、成本较高；第二类使用软件加密技术，通过外置服务端或内置软件操作，对 U 盘文件进行加密。有仅对盘内单一文件区域进行软加密的 U 盘，也有对 U 盘内所有文件进行加密的 U 盘。

2. 启动型 U 盘

启动型 U 盘分为两类，第一类为专门用来做系统启动用的功能性 U 盘，当计算机不能正常开启时使用，这类 U 盘的功能比较单一。第二类：专门是计算机技术员用来维护计算机而专门制作的功能性 U 盘，除了可以启动计算机外，还可以进行磁盘分区、系统杀毒、系统修复、文件备份、密码修改等功能。本类 U 盘适合于有一定技术性的人员使用，还可以加入一些功能如一键安装系统等。

3. 杀毒型 U 盘

杀毒型 U 盘是一种将各种 U 盘版杀毒软件嵌入 U 盘中，使杀毒软件使用方便快捷，安全，操作简单。与计算机 USB 接口相连后即会被主机识别而并不需要繁琐的安装，并在"我的电脑"下自动出现一个新的盘符，U 盘版杀毒软件能自动运行。杀毒型 U 盘从性能上分为写入式和嵌入式两种。写入式杀毒程序要装到计算机里才可以起到杀毒作用；而嵌入式杀毒程序写在 U 盘的控制芯片里，不需要安装，随时可以杀毒。

4. 测温型 U 盘

测温型 U 盘可以分为两类，这类温度显示是在计算机上安装了一个软件通过这个软件，感应 U 盘所获取的温度，这种方式要依靠计算机软件来测试温度；另一种方式是直接将测试温度的硬件封装在 U 盘内，并直接显示在 U 盘的 LED 显示窗口。

5. 多媒体 U 盘

这是一种将多媒体技术与 U 盘技术相结合的产物，是 U 盘在功能扩展方面的又一个全新突破。以蓝科火钻推出的"蓝精灵"视频性 U 盘为例，用户将 U 盘连接计算机后，既可以使用 U 盘存储数据，又可以在视频聊天时将 U 盘作为摄像头使用。

此外，Octave 公司还推出一款集拍照、录音、录像、数据存储和网络摄影 5 大功能于一体的 U 盘产品，如图 5.13 所示。

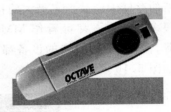

图 5.13　多媒体 U 盘

5.4.3　存储卡

存储卡（Memory Card），或称快闪存储卡（Flash Memory Card），是一种固态电子快闪存储器存储数据的存储设备，多为卡片或方块状。它一般是使用 Flash（快闪存储器）芯片作为储存介质，主要用于数码相机、PDA 和笔记本计算机、音乐播放器、掌上游戏机和其他电子设备。

目前，市场上常见的存储卡主要分为 CF 卡、MMC 卡、SD 卡、MS 记忆棒、XD 卡，以及 SM 卡等多种类型或系列。

1. CF卡

CF(Cpmpact Flash)卡是目前市场上使用最久的存储卡之一,存储容量大,成本低,兼容性好,其缺点则是体积较大。它是由美国 SanDisk、日立、东芝、德国 Ingentix、松下等 5C 联盟在 1994 年率先推出的,如图 5.14 所示。

图 5.14　CF 存储卡

CF 卡由控制芯片和存储模块组成,接口采用 50 针设计,它有 CF I 与 CF II 型之分,后者比前者厚一倍。只支持 CF I 卡的数码相机是不支持 CF II 卡的,CF II 卡相机则可向下兼容 CF I。

虽然 CF 问世已久,不过目前仍然应用广泛,很多大容量、小体积的 CF 类型的存储卡不断推出,其中包括 IBM 公司以及日立公司的微型硬盘系列(MD),采用了 CF II 型设计。它与 CF 卡最大的区别在于没有采用内存芯片而是以微型硬盘作为存储介质,MD 与 CF 卡相比,在耐用性尤其是抗震性方面表现较差,但 MD 拥有高容量、高性价比的优势。此外像 Sandisk 等公司也研发出容量高达 120GB 的 CF 卡,这些超大容量的 CF 卡多应用在专业数码相机等领域。

2. MMC卡

由于传统的 CF 卡体积较大,所以 Infineon 和 SanDisk 公司在 1997 年同时推出了一种全新的存储卡产品 MMC(MultiMedia Card)卡。MMC 卡的尺寸为 32mm×24mm×1.4mm,采用 7 针的接口,没有读写保护开关。它主要应用于数码相机、手机(如西门子 MP3、手机 6688)和一些 PDA 产品上,如图 5.15 所示。

3. SD卡

SD(Secure Digital)卡,从字面理解,此卡就是安全卡,它比 CF 卡以及早期的 SM 卡在安全性能方面更加出色,是由日本的松下公司、东芝公司和 SanDisk 公司共同开发的一种全新的存储卡产品。它最大的特点就是通过加密功能,保证数据资料的安全保密。SD 卡从很多方面来看都可看作 MMC 的升级,两者的外形和工作方式都相同,只是 MMC 卡较薄,但是使用 SD 卡的设备都可以使用 MMC 卡,其外形尺寸为 32mm×24mm×2.1mm,如图 5.16 所示。

图 5.15　MMC 卡

图 5.16　SSD 卡

4. 记忆棒

记忆棒(Memory Stick,MS)是 Sony 公司在 1999 年推出的存储卡产品,外形酷似口香糖,长度与普通 AA 电池相同,重量仅为 4 克。记忆棒采用了 10 针接口结构,并内置有写保护开关。按照外壳颜色的不同,记忆棒还可以分为蓝条和白条两种。白条记忆棒多了MagicGate版权保护功能,常用于媒体播放器。由于Sony公司的数码产品非常丰富,记忆棒已经广泛应用于数码相机、PDA和数码摄像机产品中,如图5.17所示。

5. xD图像卡

xD(xD Picture Card)图像卡是富士和奥林巴斯光学工业两公司开发SM卡的后续产品,该卡的尺寸为20.0mm×25.0mm×1.7mm,重量仅为3克,也是目前最小最轻的存储卡之一,如图5.18所示。

图5.17 记忆棒

图5.18 xD图像卡

2003年,富士和奥林巴斯公司推出的数码相机,全部采用xD存储卡作为介质。xD卡的命名是以英文"尖端映像记忆技术"的缩写。其读出速度高达5MB/s,写入速度高达3MB/s(规格为64MB以上),消耗电力仅25mW。

思 考 题

1. 简述硬盘的作用和工作原理。
2. 简述IDE、SCSI、SATA硬盘各自的特点。
3. 光驱和光盘的类型有哪些?
4. 简述DVD刻录机中的防刻死技术的含义和作用。
5. 如何选购光盘?
6. 简述SSD硬盘的优点。
7. 简述USB移动硬盘的特点和作用。
8. 查询关于存储卡方面的资料。

第6章　显示卡与显示器

【教学目标】

（1）理解显卡和显示器的结构原理、分类和性能指标。

（2）掌握显卡和显示器的选购方法。

（3）了解显卡和显示器的简单故障及维修方法。

【主要教学内容】

（1）显卡和显示器构成了计算机的显示系统，是计算机系统的重要输出设备。显卡和显示器协调一致相互配合工作，显卡把要显示的信号处理后输出到显示器，供人们查看。

（2）本章主要介绍微型计算机显示卡和显示器的结构、性能、技术指标、选购方法以及故障和维修等。

6.1　显　示　卡

显卡（Graphic Card），全称是显示接口卡，又称显示适配器或显示配置卡，是计算机中负责图像信号处理的专用设备，显卡向显示器提供可识别的数据信号，控制显示器正确显示并产生图像，因此显卡的性能好坏直接决定着计算机的显示效果。

6.1.1　显卡的分类

1. 按显卡独立性分类

按照显卡的独立性，可分为集成显卡和独立显卡。

集成显卡是将显示芯片、显存以及相关电路都集成在主板上，其不具备单独的显存，主要通过共享内存来实现显存的功能（占用容量大小可调节），性能相对较差。

独立显卡是将显示芯片、显存以及相关电路单独做在一块电路板上，作为一个独立的卡板，插在主板的扩展插槽上工作。具备单独的显存，一般不占用系统内存，技术上先进于集成显卡，还可以进行显卡的硬件升级，性能较好，能够提供更好的运行性能和显示效果。

对于集成显卡来说，传统的集成显卡是集成在主板上，还有一种集成在 CPU 中的显卡称为核显卡。核芯显卡是 Intel 公司的新一代图形处理核心，有别于传统的显卡设计，是将图形核心与处理核心整合在同一块基板上，构成一颗完整的处理器。依托处理器强大的预算能力和智能能效调节设计，在更低的功耗下实现同样出色的图形处理性能和流畅的应用体验，一般来说性能优于传统的集成显卡。

2. 按显卡的接口分类

根据显示卡的接口标准，PC 的显卡一共经历了 4 代：MDA（单色显卡）、CGA、EGA、

VGA/SVGA（显示绘图阵列）。目前主流的几种显卡输出接口标准有 VGA、DVI、HDMI、DP 等。

3. 按图形功能分类

纯二维（2D）显卡、纯三维（3D）显卡、二维＋三维（2D＋3D）显卡。

4. 按显示卡与主板的接口分类

显卡插在主板上才能与主板相互交换数据。与主板连接的接口经历了 ISA、EISA、VESA、PCI、AGP、PCI-Express 等，其中 PCI-Express 已经成为主流接口，目前在市场上销售的显示卡几乎都是 PCI-Express 接口的，如图 6.1 所示。

图 6.1　微星 GTX 980 GAMING 4G 显卡

5. 按显示芯片分类

显示芯片是显卡的核心芯片，负责系统内视频数据的处理，是显卡的核心部件，它决定了显卡的级别和性能。不同的显示芯片，无论从内部结构设计，还是性能表现上都有着较大的差异。目前主流的显示芯片市场基本上被 AMD-ATI 和 nVIDIA 公司占有，SIS、3DLabs、VIA 等品牌已难觅其踪。显示芯片如图 6.2 和图 6.3 所示。

图 6.2　nVIDIA 显卡芯片

图 6.3　AMD-ATI 显卡芯片

6.1.2　显卡结构和工作原理

1. 显卡结构

显卡结构如图 6.4 所示。显卡是由显示主芯片、显示缓存（简称显存）、BIOS、数字模拟转换器（DAC）、显卡的接口以及卡上的电容、电阻等组成。多功能显卡还配备了视频输出以及输入部分。随着技术的发展，目前大多数显卡都将 DAC 集成到了主芯片上。

1）显示芯片

在每一块显卡上都会有散热片或散热风扇，它的下面就是显示芯片，显示芯片是显卡的核心部件，它的性能直接决定了显卡性能，其主要任务就是处理系统输入的视频信息并进行构建、渲染等工作。通常所说显示芯片的位（bit，b）是指显示芯片支持的显示内存数据宽度，采用更大的位宽意味着在数据传输速度不变的情况，瞬间所能传输的数据量越大。目前主流的显示芯片基本都采用了 128b 或 256b 的位宽。但是位宽并不是决定显卡速度的唯一

显示卡与显示器

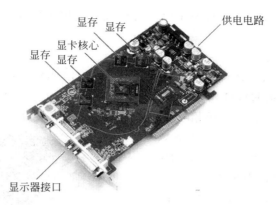

图 6.4　显卡结构图

因素,显示卡的速度在很大程度上还受到所使用的显存类型以及驱动程序的影响。

2）显示内存

显示内存(显存)是显卡的重要组成部分,用来保存由显示芯片处理好的图形数据信息或即将提取的渲染数据,所以显存也被称为"帧缓存"。显卡使用的分辨率越高,在屏幕上显示的像素点也就越多,相应所需显存的容量就越大。衡量显存性能的指标有工作频率、显存位宽、显存带宽和显存容量等。

3）显示 BIOS 芯片

显示 BIOS 芯片主要用于保存 VGA BIOS 程序。VGA BIOS 是视频图形卡基本输入输出系统,它的功能与主板 BIOS 功能相似,主要控制和管理显卡上各器件之间的正常运行,所以 BIOS 程序的技术质量(包括合理性和功能性)必将影响显卡最终的产品技术特性。

显卡 BIOS 芯片在大多数显卡上比较容易区分,因为这类芯片上通常都贴有标签,但在个别显卡如 Matrox 公司的 MGAG200 上就看不见,原因是它与图形处理芯片集成在一起了。另外,在显卡 BIOS 芯片中还保存了显卡的主要技术信息,如图形处理芯片的型号规格、VGA BIOS 版本和编制日期等。由于目前显示卡上的显示芯片表面都已被安装的散热片和散热风扇所遮盖,用户根本无法看到芯片的具体型号,但通过 VGA BIOS 显示的相关信息却可以了解有关显示芯片的技术规格或型号。

4）显示器接口

显卡的输出接口一般有模拟接口和数字接口,传统的 CRT 显示器使用 D-Sub 接口连接,液晶显示器主要使用数字信号接口(DVI 接口)和模拟信号接口(VGA 接口)连接。计算机所处理的信息最终都要输出到显示器屏幕上才能被人们看见。显示器接口就是计算机主机与显示器之间的桥梁,负责向显示器输出相应的图像信号。

5）总线接口

显卡需要与主板进行数据交换才能正常工作,所以就必须有与之对应的总线接口。早期的显卡总线接口为 PCI,目前显卡的总线接口正向 PCI-Express 过渡。PCI-Express 接口具有更大的传输带宽来满足图形技术日益增加的数据量。

6）数模转换 DAC

对于传统的 CRT 显示器,这种显示器只能接收用信号电压幅度来控制显像管的发光亮暗程度,所以显卡中的 DAC 必须将芯片处理后并存储在显存中的数字显示信号逐帧转换为由三种彩色亮度和行、帧同步信号所共同组成的视频信号,然后通过 15 针的 D 型插座输出供显示器使用。

目前大多数显示卡上并不存在独立安装的 DAC 芯片,这是因为厂家为了降低成本,在生产显示芯片时已经将 DAC 集成,但部分高档显卡还是使用较高品质的独立 DAC 芯片。

显示器需要接收模拟信号,使用 VGA 接口连接,数模转换发生在显卡的 VGA 接口,模数转换发生在显示器的 VGA 接口。使用 DVI 接口连接,可以直接接收数字信号并显示,不需要经过信号的转换。

2. 显卡工作过程

显卡工作过程包含以下步骤。

(1) 首先,由 CPU 向图形处理器发布指令。

(2) 当图形处理器处理完成后,将数据传输至显示缓存。

(3) 显示缓存进行数据读取后将数据传送至 DAC。

(4) DAC 将数字信号转换为模拟信号输出显示。

使用 DVI 接口的显卡可直接将数字信号输出显示。

6.1.3　显卡的技术指标

显卡技术指标很多,但主要的技术指标包括以下几个方面:

1. 刷新频率

刷新频率是指图像在屏幕上更新的速度,即屏幕上每秒钟显示全画面的次数,单位为 Hz。刷新频率可以分为 56～120Hz 等许多档,过低的刷新频率会使用户感到屏幕闪烁,容易导致眼睛疲劳,刷新频率在 75Hz 以上时,闪烁感一般人眼不易察觉。刷新频率越高,屏幕闪烁就越小,图像也就越稳定。并非所有的显卡都能够在最大分辨率下达到 75Hz 以上的刷新频率(取决于显卡上 RAMDAC 的速度),而且显示器也可能因为带宽不够而不能达到要求。

2. 显示分辨率

显示分辨率是指组成一幅图像(在显示屏上显示的图像)的水平像素和垂直像素的乘积。显示分辨率越高,屏幕上显示的图像像素越多,则图像显示也就越清晰。显示分辨率和显示器、显卡有密切的关系。显示分辨率通常以"横向点数×纵向点数"表示,如 1024×768,就是说这幅图像由 1024 个水平像素点和 768 个垂直像素点组成。现在流行的显卡最大分辨率能达到 2048×1920。显示分辨率越大,所需要的显存容量就越大。

最大分辨率指显卡或显示器能显示的最高分辨率,在最高分辨率下,显示器的一个发光点对应一个像素。如果设置的显示分辨率低于显示器的最高分辨率,则一个像素可能由多个发光点组成。

3. 色彩位数(色深)

色彩位数也叫颜色数,图形中每一个像素的颜色是用一组二进制来描述的,这组描述颜色信息的二进制数位数就称为色彩位数。一般以多少色或多少位来表示,如标准 VAG 显示卡在 640×480 分辨率下的颜色数为 16b 色或 4b 色。通常色深可以设定为 16 位、24 位,增强色(16 位)能显示 2^{16} 种颜色,也称 64K 色,真彩色(24 位)可以显示出 2^{24} 种颜色,也称 16M 色。现在流行的显卡色深大多数达到了 32 位。色深的位数越高,所能显示的颜色数就越多,相应的屏幕上所显示图形的色彩越丰富,图像质量就越好。由于色深增加导致了显卡所要处理的数据量剧增,会引起显示速度或屏幕刷新频率的降低。

4. 像素填充率和三角形生成速度

屏幕中的一个三维物体其实是由计算机运算生成的。当一个屏幕上的三维物体运动时,要及时地显示原来被遮的部分,抹去现在被遮的部分,还要针对光线角度的不同来应用不同的色彩填充多边形。人的眼睛具有"视觉暂留"特性,就是当一副图像很快地被多幅连续只有微小差别的图像代替时,给人的感觉并不是多副图像的替换,而是一个连续的动作,所以当三维图像也进行快速的生成、消失和填充像素时,给人的感觉就是三维物体的运动。像素填充率以每秒钟填充的像素点为单位,三角形(多边形)生成速度表示每秒钟三角形(多边形)生成个数。现在 3D 显卡的性能也主要看这两项指标,这两项指标的数值越大,显卡三维图像的处理能力就越强,显卡的档次也就越高。

5. 显存容量

显存容量是显卡上显存的容量数,这是选择显卡的关键参数之一。显存容量决定着显存临时存储数据的多少。集成显卡显存共享内存,大小可以适当调节。独立显卡显存容量有 128MB、512MB、1GB、2GB 等,128MB 和 512MB 显存的显卡现在已较为少见,主流的是 1GB 和 2GB 的产品。不过显卡性能的好坏不能仅取决于显存大小。

6. 显存频率

显存频率是指默认情况下,该显存在显卡上工作时的频率,以 MHz 为单位。显存频率一定程度上反映着该显存的速度。显存频率随着显存的类型、性能的不同而不同,SDRAM显存工作在较低的频率上,一般就是 133MHz 和 166MHz,此种频率早已无法满足现在显卡的需求。DDR SDRAM 显存则能提供较高的显存频率,因此是目前采用最为广泛的显存类型。目前无论中、低端显卡,还是高端显卡大部分都采用 DDR SDRAM,其所能提供的显存频率也差异很大,主要有 400MHz、500MHz、600MHz、650MHz 等,高端产品中还有800MHz 或 900MHz,乃至更高。

7. 显示芯片位宽

显示芯片位宽是指显示芯片内部数据总线的位宽,也就是显示芯片内部所采用的数据传输位数,目前主流的显示芯片基本都采用了 256 位的位宽,采用更大的位宽意味着在数据传输速度不变的情况,瞬间所能传输的数据量越大。就像是不同口径的阀门,在水流速度一定的情况下,口径大的能提供更大的出水量。显示芯片位宽就是显示芯片内部总线的带宽,带宽越大,可以提供的计算能力和数据吞吐能力也越快,是决定显示芯片级别的重要数据之一。由 Matrox(幻日)公司推出的 Parhelia-512 显卡,是世界上第一颗具有 512 位宽的显示芯片。随着科技的发展,目前市场中所有的主流显示芯片,包括 nVIDIA 公司的 GeForce 系列显卡,ATI 公司的 Radeon 系列,均采用 256 位的位宽甚至 512 位的位宽。顶级显卡中甚至出现了 768 位的位宽,如采用 GeForce GTX Titan Z 芯片的影驰 GTX Titan Z 显卡和采用 Radeon HD 7990 芯片的华硕 HD7990-6GD5 显卡。

8. 显示芯片制作工艺

显示芯片的制造工艺与 CPU 一样,也是用微米来衡量其加工精度。制造工艺的提高,意味着显示芯片的体积更小、集成度更高,可以容纳更多的晶体管,性能会更加强大,功耗也会降低。

9. BIOS 升级

各种显卡分别对应自己的 BIOS 和驱动程序,这样显示卡才能发挥最佳的效果。厂商在设计和生产显示卡时,就为显卡配备了 BIOS,但随着用户的使用和计算机软件的更新升级,显卡有一些不完善的小问题就会暴露出来,这时厂商就会重新设计、完善和升级显示卡 BIOS 和驱动程序,这就需要对显卡的 BIOS 进行升级。同时现在产品研制开发的日程越来越短,更新频率越来越快,在显卡推出时难免显卡 BIOS 没有全面发挥出显卡的性能,必要的升级也能让显卡 BIOS 发挥更强的功能。

6.2　液晶显示器

随着液晶显示器面板生产量、成品率的不断提升与液晶材料成本的下降,液晶面板供货不足的问题得到有效解决。整个液晶显示器市场伴随着技术革新和生产能力的扩大,用户消费水平的提高、消费观念的转变以及液晶显示器健康、节能、体积小巧等优势,再加上价格的持续下滑,使其力压 CRT 产品成为市场主流,CRT 显示器已经基本被淘汰。

6.2.1　LCD 显示器

LCD(Liquid Crystal Display)就是液晶显示器的英文缩写,LCD 根据背光源的不同可以分为不同种类,可以采用 CCFL(Cold Cathode Fluorescent Lamp,冷阴极荧光灯管)作为背光源,也可以采用 LED(Light Emitting Diode,发光二极管)作为背光源。通常市场上作为计算机显示器的"LED 显示器"就是利用 LED 作为背光源的液晶显示器。

LCD 显示器在计算机方面的应用,最早出现在笔记本计算机。这种显示器体积小,耗电量低,但价格相对较高。现在 LCD 显示器普遍应用于笔记本计算机和台式 PC 上。

在现在的应用中,根据液晶的物理结构来分,LCD 基本上有以下几种:

1. TN(Twist Nematic,扭曲向列型)LCD

TN 液晶分子的扭曲取向偏转 90°。

2. DSTN(Dual-Layer Super,超扭曲向列型)LCD

DSTN 显示器不能算是真正的彩色显示器,因为屏幕内每个像素的亮度和对比度不能独立的控制,它只能显示颜色的深度,与传统的 CRT 显示器的颜色相比相距甚远,因而也被叫做伪彩显。

3. TFT(Thin Film Transistor,薄膜晶体管)LCD

TFT 显示器的每个液晶像素点是由集成在像素点后面的薄膜晶体管来控制的,从而使每个像素都能保持一定电压,以做到高速度、高亮度、高对比度的显示。TFT 显示屏是目前最好的 LCD 彩色显示设备之一,是现在笔记本计算机和台式机上的主流显示设备。

6.2.2　LCD 工作原理

液晶是一种具有规则性分子排列的有机化合物,它既不是固体也不是液体,是介于固态和液态之间的物质,加热时它会呈现透明的液体状态,冷却时则会出现结晶颗粒的混浊固体状态。液晶按照分子结构排列的不同分为三种:粘土状液晶,细柱形液晶和软胶胆固醇状液晶。这三种液晶的物理特性各不相同,而细柱形的液晶被用来制造液晶显示器。

LCD 主要部件是液晶板,由两块无钠玻璃板构成,厚约 1mm,中间夹有约 $5\mu m$ 厚的液晶材料将其均匀隔开。液晶材料本身并不发光,所以在显示屏两边都设有作为光源的灯管。在液晶显示屏背面有一块背光板(或称匀光板)和反光膜,背光板是由荧光物质组成,可以发射光线,主要是提供均匀的背景光源。

背光板发出的光线在穿过第一层偏振过滤层之后进入液晶层,液晶层中的液滴被包含在细小的单元格结构中,一个或多个单元格构成屏幕上的一个像素。在玻璃板与液晶材料之间是透明的电极,电极分为行和列,在行与列的交叉点上,通过改变电压而改变液晶的旋光状态,液晶材料的作用类似于一个个小的光阀。在液晶材料周边是控制电路部分和驱动电路部分。当 LCD 中的电极产生电场时,液晶分子就会产生扭曲,从而将穿越其中的光线进行有规则的折射,然后经过第二层过滤层的过滤在屏幕上显示出来。

液晶显示技术与 CRT 显示器相比,也存在弱点和技术瓶颈,如在亮度、画面均匀度、可视角度和反应时间上都存在明显的差距。其中,反应时间和可视角度均取决于液晶面板的质量,画面均匀度和辅助光学模块有很大关系。对于液晶显示器来说,亮度往往和它的背板光源有关。

有些厂商会通过将液晶体内的导电离子浓度降低来实现信号的快速响应,但其色彩饱和度、亮度、对比度就会产生相应的降低,甚至产生偏色的现象,这是以牺牲液晶显示器的显示效果来提高信号的反应时间。有些厂商是在显示电路中加入了一片 IC 图像输出控制芯片,专门对显示信号进行处理。IC 芯片可以根据 VGA 输出显卡信号频率,调整信号响应时间。由于没有改变液晶体的物理性质,因此对其亮度、对比度、色彩饱和度都没有影响,但制造成本也相对较高。

6.2.3 LCD 显示器技术指标

1. 液晶板类型

1) TN 型

TN 型是液晶显示器中最基本的显示技术,其后的液晶显示器是以 TN 型为基础改进而得。它的原理比较简单,单纯的 TN 液晶显示器本身只有明暗两种情形(或称黑白),没有做到色彩的变化。

2) STN 型

它的显示原理与 TN 相类似,区别是 TN 场效应的液晶分子是将入射光旋转 90°,而 STN 场效应是将入射光旋转 180°~270°。由于液晶材料的关系以及光线的干涉现象,因此 STN 液晶显示器色调都以淡绿色与橘色为主。

3) DSTN

DSTN 通过双扫描方式来扫描扭曲向列型液晶显示屏,从而达到完成显示目的。DSTN 是由 STN 发展而来的,因此显示效果相对 STN 有大幅度提高。

4) TFT 型

TFT 型的液晶显示器较为复杂,主要的构成包括萤光管、导光板、偏光板、滤光板、玻璃基板、配向膜、液晶材料、薄膜式晶体管等。首先液晶显示器必须先利用背光源,这些光源会先经过一个偏光板然后再经过液晶,液晶分子的排列方式从而改变穿透液晶的光线角度,接下来光线还必须经过前方的彩色的滤光膜与另一块偏光板。因此只要改变刺激液晶的电压值就可以控制最后出现的光线强度与色彩,并进而能在液晶面板上变化出有不同深浅的颜色组合。它是目前主流液晶显示器的面板类型。

2. 分辨率

LCD 液晶显示器和传统的 CRT 显示器一样,分辨率都是重要的参数之一。传统 CRT 显示器所支持的分辨率可以调节,而 LCD 的分辨率与 CRT 显示器不同,一般不能任意调整,它是制造商所设置和规定的。LCD 的最佳分辨率,也叫最大分辨率,在该分辨率下,液晶显示器才能显现最佳影像。

目前 17~19 英寸的最佳分辨率通常为 1280×1024,更大尺寸拥有更大的最佳分辨率。由于现在相同尺寸的液晶显示器的最大分辨率通常是一致的,所以对于同尺寸的 LCD 的价格一般与分辨率基本没有关系。

3. 刷新率

LCD 显示器画面扫描频率,不同于 CRT,指显示器单位时间内接收信号并对画面进行更新的次数。由于 LCD 显示器中的每个像素都在持续不断的发光,直到不发光的电压改变并被送到控制器中,所以不会有闪烁的现象。普通 LCD 显示器刷新率为 60Hz。

4. 屏幕尺寸

屏幕尺寸是指液晶显示屏幕对角线的长度,单位为英寸。液晶显示器标称的尺寸就是实际屏幕显示的尺寸,所以 15 英寸的液晶显示器的可视面积接近 17 英寸的纯平显示器。现在主流产品主要以 17 英寸和 19 英寸为主。

5. 点距

LCD 显示器的像素间距类似于 CRT 的点距,画质的细腻度由点距来决定,不过 LCD 的点距对于产品性能的重要性远没有对后者那么高。CRT 的点距会因为荫罩或光栅的设计、视频卡的种类、垂直或水平扫描频率的不同而有所改变,而 LCD 显示器的像素数量则是固定的,因此在尺寸与分辨率都相同的情况下,大多数液晶显示器的像素间距基本相同。分辨率为 1024×768 的 15 英寸 LCD 显示器,其像素间距均为 0.297mm,而 17 英寸的基本都为 0.264mm,所以对于同尺寸的 LCD 价格一般与点距基本没有关系。

6. 可视角度

可视角度指用户可清晰看见屏幕影像时与屏幕所构成的最大角度。CRT 显示器的可视角度基本可以达到极限是 180°,液晶显示器可视角度一般在 140°左右。一般而言,LCD 的可视角度是左右对称,常常是上下角度小于左右角度。可视角愈大愈好。

7. 亮度与对比度

液晶显示器是通过安装在显示器背部的灯管来辅助发光的。其光源的亮度决定整台 LCD 的画面亮度及色彩的饱和度,亮度越高越好,单位是 cd/m^2(每公尺平方烛光),也叫 NIT 流明。目前国内能见到的 TFT 液晶显示器亮度都在 $200cd/m^2$ 左右。

对比度是黑与白两种色彩不同层次的对比量度,也是直接关系色彩是否丰富的技术参数,高达 300∶1 时的对比度可以支持各阶度的颜色。对比度越高越好。目前多数的 LCD 显示器的对比度都在 100∶1~300∶1 左右,还没有很好的统一标准来衡量亮度和对比度。

8. 响应时间

响应速度是指 LCD 各像素点对输入信号的反应速度,即像素由亮转暗或是由暗转亮所需的时间。响应时间愈小愈好,响应时间越小使用者在看运动画面时就不会有拖尾的感觉。

目前主流 LCD 的反应速度都大于 25ms。

9. 色彩数

色彩数就是屏幕上最多显示颜色种类的总数。对屏幕上的每一个像素来说,256 种颜色要用 8 位二进制数表示,即 2 的 8 次方,因此也把 256 色图形叫做 8 位图;如果每个像素的颜色用 16 位二进制数表示,称为 16 位图,它可以表达为 65 536 种颜色;还有 24 位彩色图,可以表达 16 777 216 种颜色,如表 6.1 所示。液晶显示器一般都支持 32 位真彩色,很少再提供 24 位真彩色。

表 6.1　LCD 显示器色彩总数与颜色位数之间的关系

	一个像素(点)用几位二进制表示	可以表示的颜色数
4 位图	4 位	$2^4 = 16$
8 位图	8 位	$2^8 = 256$
16 位图(增强色)	16 位	$2^{16} = 65\ 536$
24 位图(真彩色)	24 位	$2^{24} = 16\ 777\ 216$
32 位图(真彩色)	32 位	$2^{32} = 4\ 294\ 967\ 296$

6.2.4　新一代显示器技术

OLED 是一种新型的显示器技术,很多厂商将 OLED 和炒作比较多的 LED 显示器联系在一起,事实上 OLED 和 LED 背光是完全不同的显示技术。

OLED 显示器,是指有机发光二极管显示器,它与 LED 有本质的区别,最明显的是,它主动发光,不需要背光组件,可以做成非常薄的显示器。而 LED 背光显示器必须有 LED 作为背光源才能显示。

OLED 显示屏中每个像素均可以独立发出 RGB 三色光(彩色化技术),其特点有:主动发光、视角范围大;响应速度快,图像稳定;亮度高、色彩丰富、分辨率高。作为下一代的显示器技术,由于技术不成熟、成本较高等原因,目前 OLED 显示技术只应用在手机,平板计算机等小型设备上。随着时代的发展,OLED 显示器一定会作为主流进入人们的视野。

6.3　显卡和显示器选购

6.3.1　显卡选购

选购显卡除了考虑技术指标外,还要注意以下问题。

1. 根据需求选购显卡

高性能的显示卡总是受到用户的偏爱,然而产品的高性能往往意味着高价格,所以选购的关键是在价格与性能之间找一个平衡点。通常,根据用户的实际需求购买相应的显卡是最重要的。

多数家庭用户和办公用户都是做文字处理、办公、上网、学习等简单的工作,对显卡性能的要求比较低,这类用户使用一般性能的显卡就足够,可考虑主板上集成的显示卡即可。由于大多集成显卡的显存通过共享内存来实现,所以在使用如 PhotoShop、CoreDraw、PhotoImpact 等大型程序无法发挥最佳性能。

对于以娱乐为主的用户主要应用是看电影和打游戏,特别是打游戏,建议选用中等档次的独立显卡并有一定 3D 性能的图形加速卡,这类用户可以选择采用 GeForce GTX 750 或 Radeon HD 7850 这些主流级的显卡。

对于 3D 性能要求极高又不太在乎价格的用户,高档的显示卡是他们追求的目标,一般这类产品价格较高。这类用户应选择采用 GeForce GTX 970 或 Radeon HD 7870 这些发烧级的显卡。

在选购显卡时应考虑显卡与显示器合理搭配。例如,使用 LCD 的用户最好选择带有 DVI 等数字输出接口的显示卡(当然前提是 LCD 支持数字接口),使 LCD 的显示效果达到最佳,充分发挥 LCD 数字信号的特点。

2. 显卡核心芯片的选择

就目前主流显卡的核心芯片来说,nVIDIA 与 ATI 两家公司的产品各有所长,选择哪种要看实际用途。

如果用户一切配置是为了游戏,推荐使用 nVIDIA 公司的产品。毕竟它的 3D 加速性能比 ATI 公司的产品略胜一筹,对游戏的支持也要好些,现在已经有越来越多需要图形加速的 3D 游戏以 nVIDIA 芯片规范作为游戏的基准显示平台。

如果除游戏外还要将计算机用于设计用途或多媒体应用,建议使用 ATI 公司的产品,它的 2D/3D 画质比 nVIDIA 公司的产品更细腻,色彩还原也更艳丽逼真,而在视频回放方面更是得心应手,效果一流,毕竟这是 ATI 公司的强项。在 3D 加速方面,ATI 公司的系列产品正在逐渐拉近与 nVIDIA 公司产品的距离,最重要的是,在同样性能等级产品中,ATI 公司的价格更为合理。

3. 印刷电路板及电容和集成块的选择

一般来说,质量越好的 PCB 板越有一种晶莹、温润的感觉,显卡使用的 PCB 从 2~8 层不等,性能和价格随 PCB 厚度的增加而上升。一些低价显卡使用两层线 PCB 板,这种 PCB 在阳光下观察,可以发现透光。而 6 层以上 PCB 大多用在走线复杂、IC 芯片数量繁多的超高档专业显卡上。目前,市面上绝大多数显卡用的是 4 层板和 6 层版,同样层数的板越厚越好。PCB 上各芯片和零件的布置也很重要。

显卡用的电容有两种:铝电解电容和钽电解电容(S 型)或固体钽电容(SF 型)。从电容安装形式上来看又有 DIP(双列直插式)和 SMD(贴片式)两种。

目前,采用 DIP 铝电解电容(黑色圆柱状)、SMD 铝电解电容(银白色圆柱状)和 SMD 钽电容(黄色和黑色长方形小颗粒)的显卡居多。从性能上讲,DIP 铝电解电容存在漏电流系数大、加工显卡费时、加工精度低等缺点,优点是成本较低。钽电容温度系数小、电量精确,可以工作在很高的温度上,这些都是它的突出优点。钽电容也有不少缺点,如在大电流充放电时易爆、极性很强等。钽电容电容量不可能做得很大,如 GeForce2 显卡上用的几个主电容容量都很大,因此就只能使用 SMD 铝电解电容。部分显卡上的集成块只有一颗,主要是给显示芯片提供所需电压的变压集成块。好的变压集成块体积较大、较厚,上面印刷标识会很清晰。劣质变压集成块则小、薄,标识非常模糊。

4. 主流显卡市场情况

近些年,显卡市场主要被 nVIDIA 和 AMD-ATI 两公司所主导,它们的产品各自有各自的优势,用户可根据需求和实际情况来选择适合的显卡,具体可以参考 PConlie 提供的显卡天梯图,如图 6.5 和图 6.6 所示。

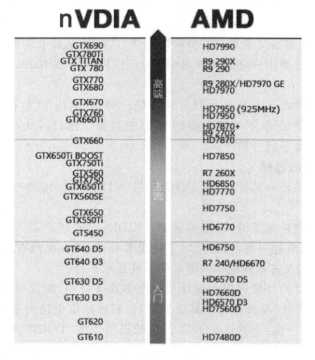

图 6.5　nVIDIA 和 AMD-ATI 公司显卡芯片对照

nVIDIA GPU系列代表		核心架构演化		AMD GPU年代表		产品系列代号	
GeForce700	2013	GeForce700	Kepler/Maxwell	R7/R9	2013	R7/R9	Southern Islands
GeForce600	2012	GeForce600	Kepler	HD7000	2012	HD7000	Southern Islands
GeForce500	2011	GeForce500	Fermi	HD6000	2011	HD6000	Northern Islands
GeForce400	2010	GeForce400	Fermi	HD5000	2009	HD5000	Evergreen
GeForce200	2009	GeForce200	Tesla	HD4000	2008	HD4000	R700
GeForce9	2008	GeForce9	G9X	HD3000	2007	HD3000	R600
GeForce8	2007	GeForce8	G8X	HD2000	2007	HD2000	R600

图 6.6　nVIDIA 和 AMD-ATI 显卡芯片列表

6.3.2　显示器选购

　　LCD 的优势主要体现在机身小巧、便携,厚度和体积不到传统 CRT 的三分之一;完全的纯平面;节约能源、环保;利于健康;LCD 无辐射、无闪烁。缺点是:色彩表现差强人意;视角问题("观察角度")小;LCD 显示器的分辨率不能随便调整,只有工作在标准分辨率模式下,才能达到最佳显示效果,液晶显示器的点距大多是 0.297mm,在精度要求更高的图形图像显示时,则点距偏大。

　　在选购 LCD 显示器时,其性能指标也是主要的参考指标,实际选购时应该注意以下几个问题。

1. 坏点的检查

液晶显示器存在坏点是不可避免的。即便各名牌大厂承诺自己的产品在单位面积上不会有超过规定数目的坏点,但是这个数目没有统一的国际标准,因而各个厂商就有不同的规定。选购时把桌面背景调成全黑、全白以及红、绿、蓝单色屏各检查一次,包括不同颜色的暗点和亮点来检测坏点。

2. 产地不同的差异

目前,全球液晶面板的生产基地集中在日本、韩国和中国台湾三个地区。出于成本和性能的考虑,不少名牌显示器厂商都大量采用韩国或我国台湾企业生产的面板,只有部分高端产品采用日产的面板。总而言之,目前市场上同样价格的液晶显示器,日本显示器的优势主要表现在电路稳定及色彩还原上;我国台湾的产品则以较高的亮度、对比度甚至响应时间等指标取胜,但电路及颜色还原不太完美;而韩国的产品则介乎两者之间。

3. 显示器接口的选择

目前,市场上液晶显示器有 D-Sub 和 DVI 接口,部分产品则同时具备 D-Sub 和 DVI 接口。从发展趋势来看,液晶显示器接口的数字化是必然发展方向。DVI 接口在画面稳定度上较 D-Sub 有明显的优势,传统 D-Sub 接口的液晶显示器有可能偶尔会出现无规律抖动现象,但这一点在选购时很难发现,当然 DVI 接口的显卡和液晶显示器价格更高。

4. 售后服务和品牌的选择

液晶显示器先进的电路结构和高度集成化的设计使其故障率相对 CRT 显示器来说有明显的改进,返修率远低于后者。正因为液晶显示器这一特殊的结构特点,一旦电路出现故障,委托家电维修店相对比较麻烦,不像修理 CRT 显示器那样方便,因此液晶显示器售后服务尤其重要,在这一点上知名品牌的产品更加值得信赖。

6.4 显卡和显示器故障维修

显示器使用一段时间后,各种小毛病就会接踵而来。下面就是显卡和显示器在使用过程中常见的问题及处理方法。

1. 显示器花屏

这个问题主要是显卡引起的。如果是新换的显卡,则可能是卡的质量不好或兼容性差,或是没有安装正确的驱动程序。如果是旧卡而加了显存,则可能是新加进的显存和旧显存有冲突。

2. 屏幕显示模糊

显示模糊是显示器常见故障之一,产生原因主要有三个方面:一是运输过程中或使用中受到震动而使 FBT(行输出变压器)的聚焦电位器松动或移位,致使加在 CRT 中的聚焦电压变化,造成屏幕模糊;二是环境湿度大,使 CRT 尾座板上聚焦引脚的放电环(半圆球)产生锈蚀,在 CRT 刚通电时出现模糊现象;三是 CRT 管内因制造工艺或 CRT 锥体玻壳内有杂物而使聚焦极与加速极(G2)间产生静电积尘,形成极电阻而使屏幕出现严重的模糊现象。

解决办法是:从屏幕模糊的程度来看,若模糊现象较轻,仅仅是字符轮廓变粗,而字迹依然能识别,大多属第一种原因所引起。对于这种情况,打开机盖,微调 FBT 中的聚焦电位器即可排除故障。至于尾板上聚焦引脚放电环锈蚀的处理,一般使用无水酒精清洗放电环及尾座上各电极插头和插座,如放电环锈蚀严重时,可更换尾座部件;若字符大面积严重模糊,屏幕一片白色光晕,字符已无法辨认且调 FBT 上的聚焦电位器时屏幕亮度随之变化,则属第三种原因。处理方法是取下 CRT 尾座板,将 CRT 上高压帽中 24kV 高压用万用表笔线(最好使用绝缘性能好的数字万用表)引到 CRT 聚焦板插座中,打开显示器交流电源,用一接地的表笔线对加速极(G2)插头瞬间放电 2～3 次(最好将 CRT 上 G2 插头用一外加保护套管短线引出来,对引出线进行对地瞬间放电作业)。一般经过 2～3 次放电过程便能使聚焦与加速极两电极之间的尘埃极电阻击穿。恢复原电路后,观察屏幕字符或图文显示的清晰程度,必要时适当调一下 FBT。

3. 颜色显示不正常

颜色显示不正常故障一般有以下原因引起。

(1) 显示卡与显示器信号线接触不良。

(2) 显示器自身故障。

(3) 在某些软件里运行时颜色不正常,一般常见于老式机,在 BIOS 里有一项校验颜色的选项,将其开启即可。

(4) 显卡损坏。

(5) 显示器被磁化,此类现象一般是由于与有磁性能的物体过分接近所致,磁化后还可能会引起显示画面出现偏转的现象。

4. 显示器屏幕上总有干扰杂波或线条,而且音箱中也有杂音

这种现象多半是电源的抗干扰性差所致。可以更换一个新电源来解决;如果效果不太明显,可以将开关管全部更新。

5. 屏幕无显示,面板指示灯闪烁

检查显示器与计算机的信号线连接是否牢固,并检查信号线的接插口是否有插针折断、弯曲的现象。

6. 系统从等待状态返回时,出现黑屏并显示"信号超出显示范围"

这种现象可能是刷新频率设置不当所致。计算机发出的信号超出显示器的显示范围,显示器检测到异常信号后停止工作。

处理方法:在桌面右击,在弹出的快捷菜单中选择"属性"命令,出现"属性"对话框,再选"设置"/"高级适配器"选项,前提是计算机中必须装有显示器驱动程序,然后在适配器的刷新速度里选"默认"或"优化"。如果问题未解决,建议用更换的方法对显卡和显示器进行检验。

7. 屏幕显示有杂色或偏色现象

因 CRT 显像管受地磁场的影响,将彩显底色打成白色时,都会有轻微的偏色现象。如果偏色严重,可能是显示器受了磁化,可用手动消磁,但此功能只能减轻偏色现象而不能彻底消磁。

处理方法:通过显示器的消磁控制功能进行消磁,通常以 DRG 标志,按一下后,整个屏幕就会晃动一下,一般异常颜色就应该消失。但注意不要在半小时内重新消磁。

8. 色彩种类上不到 32 位

这是显卡问题,检查显卡是否具有此项性能及显卡的驱动程序是否安装。

9. 分辨率/刷新率上不去

多数情况下是使用问题。先检查显卡及显示器的驱动程序是否安装(如果厂家提供),然后根据使用说明书检查显卡及显示器是否可以达到所要求的性能。如果一切正常,那就是显示器故障,只能联系维修中心解决。

10. 重装系统后,显示器的刷新频率只有"默认的适配器"和"优化"两选项,且显卡驱动程序已经正确安装

这是一个多数人在装机时都容易犯的错误,只装了显卡驱动程序而未装显示器的驱动程序,通常安装显示器驱动程序即可消除此类故障。

11. 显示器黑屏

如果是显卡损坏或显示器等原因造成没有信号传送到显示器,则显示器的指示灯会不停地闪烁提示没有接收到信号;要是将分辨率设得太高,超过显示器的最大分辨率也会出现黑屏,但现在的显示器都有保护功能,当分辨率超出设定时会自动保护;另外硬件冲突也会引起黑屏。

12. 开机无显示

此类故障一般是因为显卡与主板接触不良或主板插槽有问题造成。对于一些集成显卡的主板,如果显存共用主内存,则需注意内存条的位置,一般第一个内存条插槽上应插有内存条。由于显卡原因造成的开机无显示故障,某些主机开机后一般会发出一长两短的蜂鸣声。

13. 刚开机时画面抖动厉害,有时甚至连图标和文字也看不清,过一会儿后恢复正常

这种现象多发生在潮湿天气,是显示器内部受潮的缘故。要彻底解决此问题,可使用食品包装中的防潮砂用棉线串起来,然后打开显示器的后盖,将防潮砂挂于显像管管颈尾部靠近管座附近。

14. 计算机开机后,显示器无任何显示,要等待一段时间后才能出现画面

这是显像管座漏电所致,需要更换管座。拆开后盖可以看到显像管尾的一块小电路板,管座就焊在电路板上。小心拔下这块电路板,焊下管座,用同样的一个新管座焊回到电路板上。这时,不要急于将电路板装回,应先将显像管尾后凸出的管脚用砂纸擦拭干净,再将电路板装回即可。此外,还有一类特殊情况,以前能载入显卡驱动程序,但在显卡驱动程序载入后,进入 Windows 时出现死机。可更换其他型号的显卡再载入其驱动程序后,插入旧显卡予以解决。如若还不能解决此类故障,则说明注册表故障,对注册表进行恢复或重新安装操作系统即可。

思 考 题

1. 显卡如何工作?
2. 显卡的色彩深度是什么?
3. 说明显卡的分辨率和刷新频率。
4. 比较 CRT 和 LED 显示器之间的异同。
5. 显示器的选购应该注意哪些事项?

【教学目标】

（1）理解各种打印机的结构、原理和性能指标。

（2）掌握各种打印机的选购方法。

（3）掌握各种打印机的简单故障及维修方法。

【主要教学内容】

（1）打印机作为计算机的输出设备之一，利用打印机可打印出各种文字、图形和图像等信息。随着计算机技术发展和用户需求提高，各种新型实用的打印机应运而生。打印机领域形成了针式打印机、喷墨打印机、激光打印机等主流产品，各自发挥其优点，满足各种用户不同的需求。

（2）本部分主要介绍不同类型打印机的技术指标、选购方法以及故障和维修等。

7.1 打印机的分类和应用

回顾打印机的发展历史，可以清楚地看出打印机的发展趋势：从击打式到非击打式、从黑白到彩色、从单功能到多功能。

7.1.1 打印机的分类

面对众多的打印机品牌，分类方法也不尽相同。目前普遍使用的分类方法有以下几种：

1. 按数据传输方式

打印机按数据传输方式可分为串行打印机和并行打印机两类。串行和并行两者接口有显著的区别。

串行端口（Serial Port），或称串列埠、序列埠、串口，主要用于串列式逐位元数据传输。串行接口常见的为 RS-232，USB 是近几年发展起来的新型接口标准，主要应用于高速数据传输领域。

并行端口（Parallel Port），又称平行埠、并列埠、并口，是计算机上数据以并行方式传递的端口，也就是说至少应该有两条连接线用于传递数据。与只使用一根线传递数据的串行端口相比，并口在相同的数据传送速率下，可以更快地传输数据。所以在 21 世纪之前，在需要较大传输速度时，并口得到广泛使用，如打印机。随着速度的提高，并且导线之间数据同步成为一个很难处理的问题，导致并口在速度竞赛中逐渐被淘汰，目前 USB 等改进的串口逐渐代替了并口。

2. 按原理分类

按照打印机的工作原理,可将打印机分为击打式和非击打式两大系列。目前非击打式打印机作为主流,有串式点阵字符非击打式打印机和行式点阵字符非击打式打印机。

串式点阵字符非击打式打印机主要有喷墨式和热敏式打印机两种。行式点阵字符非击打式打印机主要有激光、静电、磁式和发光二极管式打印机。

3. 按工作方式分

按工作方式可分为针式打印机,喷墨式打印机,激光打印机等。针式打印机通过打印机和纸张的物理接触来打印字符图形,而后两种是通过喷射墨粉来印刷字符图形的。

4. 按用途分类

随着社会信息技术的飞速发展,打印机的应用领域已向纵深发展,形成了通用、商用、专用、家用、便携、网络等不同领域的产品。

1)办公和事务通用打印机

在办公和事务通用处理领域,针式打印机一直占领主导地位。由于针式打印机具有中等分辨率和打印速度,耗材便宜,同时还具有高速跳行、多份拷贝打印、宽幅面打印等特点,目前仍然是办公和事务中打印报表、发票等的优先选择。

2)商用打印机

商用打印机是指商业印刷用的打印机,这一领域要求印刷质量比较高,有时需处理图文并茂的文档,因此一般选用高分辨率的激光打印机。

3)专用打印机

专用打印机一般是指各种微型打印机、存折打印机、平推式票据打印机、条形码打印机、热敏印字机等用于专用系统的打印机。

4)家用打印机

家用打印机是指与家用计算机配套进入家庭的打印机,根据家庭使用打印机的特点,低档的彩色喷墨打印机逐渐成为主流产品。

5)便携式打印机

便携式打印机一般与笔记本计算机配套使用,具有体积小、重量轻、可用电池驱动和便于携带等特点。

6)网络打印机

网络打印机通过打印服务器(内置或外置)将打印机作为独立的设备接入局域网或Internet,从而使打印机摆脱一直以来作为计算机外设的附属地位,使之成为网络中的独立成员,成为一个网络节点和信息管理与输出终端,其他成员可以直接访问使用该打印机,为网络系统中多人提供打印服务。

7)蓝牙打印机

蓝牙打印机是一种小型打印机,通过蓝牙来实现数据的传输,可以随时随地的打印各种小票、条形码。与常规的打印机的区别在于,它可以对感应卡进行操作,可以读取感应卡的卡号和各扇区的数据,也可以对各扇区写数据。

7.1.2 打印机的应用

下面介绍针式打印机、喷墨打印机、激光打印机和其他形式打印机的应用。

1. 针式打印机

针式打印机作为典型的击打式打印机,如图7.1所示。其工作原理是当接到打印命令时,打印针向外撞击色带,将色带的墨迹打印到纸上。优点是结构简单、打印耗材便宜、维护费用低,适合有一定厚度的介质打印,如银行专用存折打印等,可以打印穿孔纸,在机关、企事业单位计算机应用中发挥着巨大作用;它的缺点也比较明显,不仅分辨率低、噪声大、体积大、打印速度慢且打印针易折断等。如今针式打印机已经退出了家用打印机的市场,只有在银行、超市等用于票单打印的地方还可以看见它的踪迹。

2. 喷墨打印机

喷墨打印机的工作原理并不复杂,那就是通过将细微的墨水颗粒喷射到打印纸上而形成图形,其外形如图7.2所示。

喷墨打印机是让墨水通过细喷嘴,在强电场作用下以高速墨水束喷出在纸上形成文字和图像,从技术上可以分为佳能(CANON)公司的气泡式和爱普生(EPSON)公司的多层压电式两种。前者是利用加热产生的气泡,使墨水通过喷嘴喷到打印纸上;而后者是对喷出的墨水作严密完整的控制,使墨粒微小而均匀,改善了因墨点不均匀而导致喷墨打印不清晰的问题。另外,惠普(HP)公司的热感式技术是将墨水与打印头设计为一体,受热后将墨水喷出。

喷墨打印机定位在彩色输出领域,它以出色的性价比迅速得以普及,目前占到整个彩色输出打印机市场的90%以上。喷墨打印机的价格也较便宜,打印时噪音较小,图形质量较高,因而成为当前家庭打印机的主流。喷墨打印机也有宽行和窄行之分,适合打印单页纸,它的打印质量在很大程度上决定于纸张的质量。其缺点是喷头容易堵塞、不能打印多层介质。

3. 激光打印机

激光打印机外形如图7.3所示。它的工作原理是:当调制激光束在硒鼓上进行横向扫描时,使鼓面感光带上负电荷,当鼓面经过带正电的墨粉时感光部分吸附上墨粉,然后将墨粉印到纸上,纸上的墨粉经加热熔化形成文字或图像。不难看出,它是通过电子成像技术完成打印的。

图7.1　普通针式打印机　　　图7.2　喷墨打印机　　　图7.3　激光打印机

激光打印机的突出优点就是印字质量高、噪声低、输出速度快、分辨率高和运转费用低等。其缺点是打印成本相对较高,不能打印多层介质。

目前激光打印机更趋于智能化,如佳能 LBP7780CX 打印机,没有电源开关,平时自动处于关机状态,当有打印任务时自动激活。它有自己的内存和处理器,能单独处理打印任务,大大减轻了计算机的负担。激光打印机也有宽行、窄行及彩色、黑白之分,但宽行和彩色机型都比较贵,所以用于打印 A4 单页纸的窄行黑白机型在目前普遍应用。

市面上很多激光打印机都提供无线打印的功能,如三星 C410W 打印机,本身是激光打印机并且提供无线网络打印支持。

4. 其他形式打印机

除了以上三种最为常见的打印机外,还有热转印打印机和大幅面打印机等几种应用于专业方面的打印机机型。热转印打印机是利用透明染料进行打印的,它的优势在于专业高质量的图像打印方面,可以打印出近于照片的连续色调的图片,一般用于印前及专业图形输出。大幅面打印机的打印原理与喷墨打印机基本相同,但打印幅宽一般都能达到 24 英寸(61cm)以上。它的主要用途一直集中在工程与建筑领域。但随着其墨水耐久性的提高和图形解析度的增加,大幅面打印机也开始被越来越多的应用于广告制作、大幅摄影、艺术写真和室内装潢等装饰宣传的领域中,又成为打印机家族中重要的一员。

目前还有一种特殊的打印机,称为 3D 打印机。3D 打印机又称三维打印机,是一种累积制造技术,即快速成形技术的一种机器。普通打印机和 3D 打印机最大的差别就在于耗材不同,3D 打印机的耗材主要是工程塑料、树脂或石膏粉末等。一般打印机成型的是文件,而 3D 打印机成型的是模型实体。

7.2 打印机的技术指标

7.2.1 针式打印机的技术指标

1. 打印针数

针式打印机是通过打印针对色带的机械撞击,在打印介质上产生小点,最终由小点组成打印对象。打印针数是指针式打印机打印头上的打印针数量,打印针的数量直接决定了产品打印效果和打印速度。

目前最常见的打印针数为 24 针。早期针式打印机有采用 9 针的,打印效果和速度比较差。一些高端产品则采用双打印头,每一个打印头的针数是 24 针,共 48 针,打印速度会大大提高。

2. 最高分辨率

最高分辨率是打印机最基本的一个技术指标。分辨率单位是 DPI(Dot Per Inch),指在每一平方英寸可以打印的点数,它直接关系到产品输出文字和图像的质量好坏。最高分辨率指的是产品可以最高能够实现的分辨率。目前常见的有 360×360DPI 和 360×180DPI 两种规格。

3. 打印速度

针式打印机的打印速度标识和喷墨打印机、激光打印机不同,不是用 PPM,而是使用"字/秒",一些高端产品则往往会用"行/分"来标识。在单位时间内能够打印的"字符数"或者是"行数"越多,那么打印机的速度也就越快。

4. 打印宽度

打印宽度指的是针式打印机能够打印的宽度范围,一般情况下指针式打印机能够支持打印的最大宽度,它的标识和喷墨打印机、激光打印机用纸张的规格来标识不同,而是采用日常长度单位 mm 来标识。目前有 80 列、94 列、106 列、110 列、136 列等几种规格。

5. 纸张种类

纸张种类指的是打印机能够支持打印纸张的种类。除了普通的纸张种类,如复印纸、信封、连续打印纸之外,针式打印机还可以支持蜡纸、票据以及多层复写纸。对于蜡纸、票据以及多层复写纸来说,激光打印机和喷墨打印机都不支持,这也是针式打印机能够长久不衰的原因。

6. 纸张厚度

纸张厚度指的是针式打印机能够支持并且打印的最大纸张厚度,它的单位为 mm。针式打印机经常会被用来打印票据和报表,而票据和报表往往需要多份叠加拷贝式打印,因此在使用针式打印机时,除了单页纸不能超过产品固定的纸张厚度之外,多页纸叠加打印总厚度也不能超过产品规定的纸张厚度。

7. 接口类型

接口类型指的是针式打印机与计算机系统采用何种方式进行连接。目前针式打印机常见的有并口、串口和 USB 接口。

8. 色带类型

色带类型指的是针式打印机可以使用色带的种类。虽然在日常应用中,用户大多数只使用一种色带——普通黑色色带,但实际应用中许多产品可以根据打印质量的不同使用不同形式的打印色带。例如,需要进行高分辨率可以使用高对比色带,对于多色彩的打印任务可以使用彩色色带。

7.2.2 喷墨打印机的技术指标

喷墨打印机根据产品的主要用途可以分为三类:普通型喷墨打印机、数码照片型喷墨打印机和便携式喷墨打印机。

1. 最高分辨率

打印机分辨率又称为输出分辨率,是指在打印输出时横向和纵向两个方向上每英寸最多能够打印的点数,通常以“点/英寸”即 DPI 表示。所谓最高分辨率就是指打印机所能打印的最大分辨率,也就是所说的打印输出的极限分辨率。平时所说的打印机分辨率一般指打印机的最大分辨率,目前一般喷墨打印机的分辨率均在 600×600DPI 以上,最高可达 9600×2400DPI。打印分辨率是衡量打印机打印质量的重要指标,分辨率越高,其反映可显示的像素个数也就越多,可呈现更多的信息和更好更清晰的图像。

2. 墨盒类型

墨盒类型指的是产品墨盒配置的基本情况,主要有采用的颜色数量、墨盒容量和是否采用独立的墨盒等。虽然从理论上通过“三原色”(RGB)可以调制出所有颜色,但在实际操作中,仅靠“三原色”会产生较为明显的色彩,打印黑色有黑得不够透彻的情况。如今喷墨打印机早已淘汰三色墨盒的产品,而采用青、洋红、黄、黑 4 色(CMYK)墨盒。为了进一步提高打印效果,中高端产品已普遍采用黑、青、洋红、黄、淡青、淡洋红 6 色墨盒。目前有的产品还增加了一种淡黑色,达到 7 色,也有增加深灰和浅灰或是把黑色分为粗面黑和照片黑,再增加红色和蓝色,最后配以亮光墨从而达到 8 色。墨盒的颜色数量越多对于色彩的还原性也就越好,尤其是在一些黑白作品上更明显。但是墨盒颜色的增加,产品的价格自然也会增加。和大幅面打印机相比,普通喷墨打印机对于墨盒容量没有太多要求,独立调换颜色分体式墨盒也没有普遍采用。

3. 打印速度

打印速度是指打印机每分钟打印输出的纸张页数,单位用 PPM 表示。目前所有打印机厂商为用户所提供的标识速度都以打印速度作为标准衡量单位。

4. 最大打印幅面

打印幅面即打印机可打印输出的面积。最大打印幅面就是指喷墨打印机所能打印的最大纸张幅面。目前,喷墨打印机的打印幅面主要有 A4、B5 等幅面。打印机打印幅面越大,打印的范围越大。打印幅面的大小也是衡量打印机的重要性能指标,目前适合工作组用户和部门级用户的打印机大都是 A4 幅面产品,如表 7.1 所示。

表 7.1　标准开本及尺寸(单位为 mm)

系　列	未裁切单张纸尺寸	裁　切　开　本		
		开　数	规格代号	公称尺寸
A	880×1230M	16	A4	210×297
	880M×1230	32	A5	148×210
	880×1230M	34	A6	105×144
	900×1280M	16	A4	210×297
	900M×1280	32	A5	148×210
	900×1280M	64	A6	105×144
B	1000M×1400	32	B5	169×239
	1000×1400M	64	B6	119×165
	1000M×1400	128	B7	82×115

说明:未裁切单张纸尺寸中的字母 M 表示纸张的丝缕(纹路)方向与印刷机运行方向平行。

5. 接口类型

接口类型指的是打印机与计算机之间采用的接口类型,通过这项指标可以间接反映打印机输出速度的快慢。目前市场上打印机产品的主要接口类型包括并行接口和 USB 接口,USB 接口拥有支持热插拔和输出速度快的特性,此外还有网络接口和相机直接打印接口。

7.2.3　激光打印机的技术指标

按照应用领域不同,激光打印机可以分为黑白激光打印机和彩色激光打印机两大类。

1. 最高分辨率

打印机分辨率和前面两种打印机一样,是指在打印输出时横向和纵向两个方向上每英寸最多能够打印的点数,以 DPI 表示。

2. 打印速度

打印机的速度用 PPM(Pages Per Minute)表示,目前激光打印机的速度,20PPM 以下属于低打印质量,21~40PPM 属于实用办公型,40PPM 以上属于超高速办公型。

3. 最大打印幅面

不同用途的打印机所处理的打印幅面不尽相同,不过正常情况下,打印机可以处理的打印幅面主要包括 A4 幅面以及 A3 幅面这两种。但也有一些特殊幅面,如在处理条幅打印或是数码影像处理打印任务时,都可能使用 A0 幅面的打印机。

4. 硒鼓

激光打印机最关键的部件是硒鼓,也称为感光鼓。它不仅决定打印质量的好坏,还决定使用者在使用过程中需要费用。在激光打印机中,70%以上的成像部件集中在硒鼓。

5. 硒鼓寿命

硒鼓寿命指的是打印机硒鼓可以打印纸张的数量。打印纸张量越大,硒鼓使用寿命就越长,硒鼓寿命长短是由感光鼓决定。根据感光材料的不同,目前把硒鼓主要分为三种:OPC 硒鼓(有机光导材料)、Se 硒鼓和陶瓷硒鼓。在使用寿命上,OPC 硒鼓一般打印 3000页左右,Se 硒鼓打印 10 000 页,陶瓷硒鼓打印 100 000 页。

6. 最大打印能力

最大打印能力指的是打印机负担的最高打印限度,一般设定为每月最多打印多少页。如果经常超过最大打印数量,打印机的使用寿命会大大缩短。

7.3 打印机的选购

7.3.1 打印机选购

在选购打印机的时候应综合参考以下因素进行选择。

1. 根据打印机特点选择

从用户角度来说,对打印机最关心的指标是打印机价格、打印质量、分辨率、色彩、打印速度、耗材费用、噪声、维修费用等。各种类型打印机的对比情况如表 7.2 所示。

表 7.2 打印机特点对比表

参数 \ 类型	针式打印机	喷墨打印机	激光打印机	备　　注
价格	低	低	高	窄行针式价格为中
打印质量	差	较好	好	普通纸
分辨率	低	高	较高	
色彩表现	差	好	好	
打印速度	慢	较快	快	
耗材费用	低	高	较高	
噪声	大	小	很小	喷墨有静音的
实现色彩	难	易	较难	指打印彩图的配色
多层打印	能	不能	不能	
维修费用	低	较低	高	

2. 根据需要选择打印机

不管是哪种打印机,购买时应先参考其技术指标,然后根据应用情况来选择,能够满足需要即可。家庭用户用普通喷墨打印机即可满足;摄影工作者由于要打印照片,应选择中高档喷墨或激光打印机;办公室用户应根据平时打印量的多少选择喷墨或激光打印机;票据处理用一般的针式打印机就可以。

3. 打印质量

若选择彩色打印,打印质量需要考虑。因为这是彩色打印机最基本也是最重要的因素之一。在打印软件方面,要看打印驱动程序是否支持对打印内容的智能化识别及分门别类地进行相应处理。例如,能否正确区分并分别用不同的算法处理点阵图像、矢量图形和文本等;是否支持 sRGB、Pantone、ColorSync、ICC 等行业色彩匹配标准等。这些都是衡量彩色打印机打印质量的重要标准。

4. 成本

打印机的成本有购买成本和使用成本两种,购买成本就是打印机本身的价格。决定打印机价格的因素很多,不要以为价格便宜就好,用户必须要有自己的判断原则。使用成本就是耗材的价格和寿命,通常激光打印机除了碳粉盒以外,还有三个消耗性部件:成像鼓、转印组件和加热组件。寿命越长而价格越低当然单页打印成本就越低。

5. 可靠性

打印机的可靠性是指打印负荷,它代表了不同打印机在可靠性方面的差异。有些打印机还提供基于控制面板的真正在线式帮助,当打印机显示错误信息时,用户可以通过打印机的控制面板得到有效的帮助和提示,以排除故障。

6. 售后服务

一般说来,打印机厂家都承诺一年的免费维修,是否在全国范围内提供免费的上门服务很重要,涉及用户将来费用问题。

7.3.2 打印机产品

从目前打印机市场上来看,佳能(CANON)、惠普(HP)、爱普生(EPSON)、利盟(LEXMARK) 4 大公司几乎形成了对打印机市场的垄断。国内方面,联想公司的打印机占有一定的市场份额。

联想彩色打印机 RJ610N,是一种新型打印机,利用了光墨技术,融合了喷墨、激光技术的优势,不仅可实现每分钟 60 页的黑白彩色同速打印,还具备超高打印质量、超低单页成本、超低能耗几大顶尖优势,是目前性价比最优的桌面办公打印设备。

联想光墨打印机应用创新宽幅打印头,宽幅打印头由喷嘴、控制芯片及墨水系统组成。打印头集成了 11 组共 70 400 个喷嘴,喷嘴整合了 CMOS 及 MEMS(计算机电系统)晶片制作技术,喷嘴数量是目前主流商用喷墨打印机喷嘴数的近 20 倍,有效打印宽度达到惊人的222.8mm。应用此技术的每组喷嘴可以通过级联扩展或缩小成不同尺寸,以对应各种打印幅面的需求。

7.4 打印机故障与维修

7.4.1 打印机的故障

1. 打印时墨迹稀少,字迹无法辨认

该故障多数是由于打印机长期未用或其他原因,造成墨水输送系统障碍或喷头堵塞。
解决方法:如果喷头堵塞得不严重,那么直接执行打印机上的清洗操作即可。如果多

次清洗后仍没有效果,则可以拿下墨盒(对于墨盒喷嘴非一体的打印机,需要拿下喷嘴,但需要仔细),把喷嘴放在温水中浸泡一会(注意,不要把电路板部分浸在水中,否则后果不堪设想),用吸水纸吸走沾有的水滴,装上后再清洗几次喷嘴就可以了。

2. 更换新墨盒后,开机时面板上"墨尽"灯亮

正常情况下,当墨水已用完时"墨尽"灯才会亮。更换新墨盒后,打印机面板上的"墨尽"灯还亮,发生这种故障,一是可能墨盒未装好;另一种可能是在关机状态下自行拿下旧墨盒,更换上新的墨盒。因为重新更换墨盒后,打印机将对墨水输送系统进行充墨,而这一过程在关机状态下将无法进行,使得打印机无法检测到重新安装上的墨盒。另外,有些打印机对墨水容量的计量是使用打印机内部的电子计数器来进行计数的(特别是在对彩色墨水使用量的统计上),当该计数器达到一定值时,打印机判断墨水用尽。在墨盒更换过程中,打印机将对其内部的电子计数器进行复位,从而确认安装了新的墨盒。

解决方法:打开电源,将打印头移动到墨盒更换位置。将墨盒安装好后,让打印机进行充墨,充墨过程结束后,故障排除。

3. 喷头软性堵头

该现象是指墨水在喷头上粘度变大所致的断线故障。通常,用原装墨水盒经过多次清洗就可恢复,太浪费墨水。最简单的办法是利用你手中的空墨盒来进行喷头的清洗。用空墨盒清洗前,先要用针管将墨盒内残余墨水尽量抽出,越干净越好,然后加入清洗液。加注清洗液时,应在干净的环境中进行,将加好清洗液的墨盒按打印机正常的操作开机,不断按打印机的清洗键对其进行清洗。利用墨盒内残余墨水与清洗液混合的淡颜色进行打印测试,正常之后换上好墨盒就可以使用了。

4. 打印机清洗泵嘴故障

打印机清洗泵嘴故障也是造成堵头的主要因素之一。打印机清洗泵嘴对打印机喷头的保护起决定性作用。喷头小车回位后,由清洗泵嘴对喷头进行弱抽气处理,做到密封保护。在打印机安装新墨盒或喷嘴有断线时,机器下端的抽吸泵要通过它对喷头进行抽气。但在实际使用中,它的性能及气密性会因时间的延长、灰尘及墨水在泵嘴的残留凝固物增加而降低。如果不对其经常进行检查或清洗,会造成打印机喷头故障不断。

5. 墨线正常而打印精度明显变差

喷墨打印机在使用中会因使用的次数及时间的延长而打印精度逐渐变差。喷墨打印机喷头也是有寿命的。一般地,一只新喷头从开始使用到寿命完结,正常使用 20～40 个墨盒。如果打印机已使用很久,现在的打印精度变差,可以用更换墨盒的方法来试试。如果换了几个墨盒,其输出打印的结果都一样,那么这台打印机的喷头就需要更换了。如果更换墨盒以后有变化,说明可能使用的墨盒中有质量较差的非原装墨水。打印机是新的,打印的结果不能满意,经常出现打印线段不清晰、文字图形歪斜、文字图形外边界模糊、打印出墨控制同步精度差,这说明可能买到的是假墨盒或使用的墨盒是非原装产品,应当对其立即更换。

6. 行走小车错位

喷墨打印机行走小车的轨道是由两只粉末合金铜套与一根圆钢轴的精密结合来滑动完成的。虽然行走小车上安装一片含油毡垫以补充轴上润滑油,但因环境中到处都有灰尘,时间一久,会因空气的氧化、灰尘的破坏使轴表面的润滑油老化而失效,这时如果继续使用打印机,就会因轴与铜套的摩擦力增大而造成小车行走错位,直至碰撞车头造成无法使用。

解决办法：一旦出现此故障应立即关闭打印机电源，用手将未回位的小车推回停车位。找一小块海绵或毡，用镊子夹住在主轴上来回擦洗。最好是将主轴拆下来，洗净后上油。

7.4.2　打印机的维护

1. 针式打印机的维护

（1）打印机必须在干净的环境中使用，工作台平稳，不能震动。

（2）不要用手指触摸打印针表面。

（3）定期用小刷和吸尘器清理机内的灰尘和纸屑，再用酒精擦洗干净。

（4）打印头的位置要根据纸张的厚薄进行调整，不要离得太近。

（5）如果发现色带有破损，一定要立即更换新的色带。不要使用破旧色带，否则有可能将打印针挂断。

（6）当发现走纸和针头小车运行困难时，不要用手强行移动，要及时查出原因并处理，否则易损坏机械部件和电路。

2. 喷墨打印机的维护

喷墨打印机的喷头由很多细小的喷嘴组成，喷嘴的尺寸与灰尘颗粒差不多。如果灰尘、细小杂物等掉进喷嘴中，喷嘴就会被阻塞而喷不出墨水，同时也容易使喷嘴面板被墨水沾污。此外，若喷嘴内有气泡残存，也会发生墨水喷射不良的现象。通常，应该做到：墨水盒使用之前应存储在密闭的包装袋中，温度以室温为宜；为保证打印质量，请使用与打印机相配型号的墨水；墨水盒是一次性用品，用完后要更换，不能向墨水盒中注入墨水；墨水具有导电性，因此应防止废弃的墨水溅到打印机的印刷电路板上，以免出现短路；如果印刷电路板上有墨水沾污，用含酒精的纸巾擦掉；不要拆开墨水盒，以免造成打印机故障；墨盒安装好后，不要再用手移动它等。

3. 激光打印机的维护

对于打印机在使用一段时间后，由于在空气中被灰尘与碎屑侵染，会损坏打印机，所以一定要养成好的习惯，定期清洁打印机。

思　考　题

1. 分别说明三种打印机的应用场合及使用特点。

2. 如何选购打印机？

3. 打印机如何维护？

4. 打印机一般的故障有哪些？

第8章 | 其他设备

8.1 声卡和音箱

8.1.1 声卡

声卡(Sound Card)也叫音频卡或声效卡,是多媒体技术中最基本的组成部分。声卡的作用就像人的声带一样,有它就能够发出声音,如果计算机中没有声卡,就无法听音乐和进行语音交谈。

声卡是多媒体计算机中必不可少的组成部分,是实现声音模/数(A/D)、数/模(D/A)转换的硬件电路,即实现声波/数字信号的相互转换的功能。声卡的功能与性能直接影响到多媒体系统中的音频效果。

1. 声卡的分类

按照声卡的总线接口类型可分为 ISA、PCMCIA、PCI、PCI-E 接口。早期计算机广泛采用的 ISA 接口声卡,它占用大量 CPU 资源,现在已经淘汰,目前大部分声卡采用 PCI 和 PCI-E 接口,占用 CPU 资源较少。

按照声卡采样样本位数不同分为 8 位、准 16 位、真 16 位、32 位声卡等。

按照声卡的组成结构,主要分为独立声卡、主板集成声卡和外置声卡。

按照声卡功能的不同,可分为单声道声卡、真立体声声卡和准立体声声卡等。

2. 声卡的结构与功能

声卡的外观如图 8.1 所示。

图 8.1　声卡的外观

1）声音处理芯片

声卡的数字信号处理芯片（Digital Signal Processor，DSP）是声卡的核心部件，负责模拟信号和数字信号之间的转换。DSP 主要控制对声波的取样和回放，处理 MIDI 指令等，有些 DSP 还具有混响、合声等功能。在主芯片上标注芯片型号、生产日期、编号和生产厂商等重要信息。数字信号处理芯片基本上决定了声卡的性能和档次，通常按照此芯片的型号来命名该声卡。有些声卡上还带有功率放大芯片、波表合成器芯片、混音处理芯片、音色库芯片等。

2）模数转换芯片

转换芯片的作用也是把模拟信号转换为数字信号，肩负着采样编码工作，具有多路模拟信号混合输入及输出等多种功能。

3）输入输出接口

输入输出接口包括数字输出插孔、话筒输入插孔、线性输入输出插孔等接口，如图 8.2所示。该接口用来连接放音、录音设备，负责将外部音频设备的声音信号输入到计算机；将声卡处理好的声音信号输出到音箱、耳机或其他音频放大设备。一个 15 针的游戏/MIDI接口，主要用来连接游戏操纵杆、游戏手柄、方向盘等外界游戏控制器，同时也可以用来连接MIDI 键盘和电子琴等乐器上的 MIDI 接口，实现 MIDI 音乐信号的直接传输。

图 8.2　声卡输入输出接口

4）总线接口

声卡插入到主板上的一端称为总线连接端口，它是声卡与计算机互相交换信息的桥梁。根据总线的不同，把声卡分为 ISA、PCMCIA、PCI、PCI-E，ISA 和 PCMCIA 接口的声卡现基本被淘汰，PCI 和 PCI-E 接口的声卡成为主流。

3. 声卡的工作原理和技术指标

ADC（Analog-to-Digital Converter）是指模/数转换器或模拟/数字转换器，是指将连续变量的模拟信号转换为离散的数字信号的器件。声卡从话筒中获取声音模拟信号,通过模数转换器将声波振幅信号采样转换成一串数字信号,存储到计算机中。当声音重放时,这些数字信号送到数模转换器(DAC),以同样的采样速度还原为模拟波形,放大后送到扬声器发声,这一技术称为脉冲编码调制技术(PCM)。声卡的主要的技术指标如下:

1) 模拟信号和数字信号的转换

声卡本身就是实现声波/数字信号相互转换的一种硬件。在声卡的组成中,ADC 和 DAC 是将模拟信号转换为数字信号和将数字信号转换为模拟信号的专门电路或集成电路。声卡就是将输入的模拟音频信号转换为二进制数字信号,由计算机主机加以处理;反之,将主机处理好的二进制数字信号转换为模拟音频信号输出到音响设备。模拟信号数字化的最大好处是便于对信号进行处理,提高传输和处理中抗噪声的能力。声卡的基本原理如图 8.3 所示。

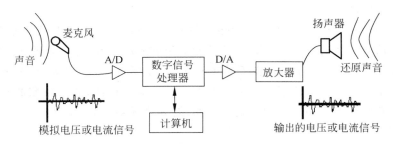

图 8.3　声卡工作原理

模拟信号的数字化精度是 ADC 和 DAC 电路的基本指标,由于模拟信号有频率和幅度两个最基本的信息元素,所以 ADC 和 DAC 电路的基本指标也确定在这两方面:频率转换的精度由采样频率决定,幅度转换的精度由采样位数决定。

2) 采样频率

声音信号是由许许多多振幅和频率各不相同的音频信号合成,振幅就是声音的强弱,频率就是声调的高低。采样频率是指在模拟声音信号转换为数字声音信号时,每秒钟对模拟声音信号(电压或电流)的采集次数,用赫兹(Hz)来表示。采样频率决定了模拟声音信号转换为数字声音信号的频谱宽度,即声音频率的保真度。通常采样频率越高,声音的还原度越高,但是对转换电路、系统速度和内存的要求也就越高。

常用的采样频率有 44.1kHz、22.05kHz 和 11.025kHz 三个标准。

3) 采样位数

采样位数也叫采样精度,可以理解为声卡处理声音的解析度。这个数值越大,解析度就越高,录制和回放的声音就越真实。采样位数具体表示为在模拟声音信号转换为数字声音信号的过程中,对满幅度声音信号规定量化数值的二进制位数。例如,规定最强音量化为11111111,零强度规定为00000000,则采样位数为 8 位,对声音强度即信号振幅的分辨率为 $256(2^8)$ 级。采样位数决定着声音信号幅度变化的数字化精度,采样位数越大,量化精度越高,声卡的分辨率也就越高。在计算机普通声卡中,通常采用 16 位采样率即可以,因为普通人耳朵对声音强度的分辨通常超不过 $65\,536(2^{16})$ 级。

4) 数字化音频的数据量

过高的采样频率和采样位数会增加大数据量,从而加重系统负担和影响信号的处理速度。例如,对 CD 质量的立体双声道音乐,进行 1 分钟 44.1kHz 和 16 位的采样,其数据量为＝16×2÷8×44 100×60＝10.6MB,相当于 530 万个汉字。如果把采样位数提高到 32 位,则数据量增为 21MB,相当于 1 千万个汉字。通过压缩技术可以减小声音文件的数据量,常见的音频压缩格式有 MP3、WMA、FLAC、APE 等格式。

5) 信噪比

信噪比是有用信号的功率和噪音信号功率的比值,指声卡抑制噪音的能力,单位是分贝(dB)。声卡处理的是有用音频信号,而噪音是不希望出现的音频信号,如背景的静电噪音、工作时电流的噪音等。信噪比的值越高说明声卡的滤波性能越好,声音听起来也就越清澈,一般 PCI 声卡信噪比都在 90dB 以上,高档的可以达到 120dB,有的甚至达到了 195dB 以上。较高的信噪比可以将噪音减少到最低限度,保证音色的纯正优美。

6) 总谐波失真

总谐波失真是指声卡的保真度,也就是声卡输入信号和输出信号的波形吻合程度,完全吻合就是不失真,100％的重现了声音(理想状态)。实际上输入信号经过了 D/A 转换和非线性放大器之后,就会出现不同程度的失真,主要是产生了谐波。总谐波失真就是代表失真的程度,单位为分贝,数值越低就说明声卡的失真度越小,性能越好。

7) 双工

可以在同一条线路上双向传输数据,但在同一时刻只能在一个方向上传输数据,叫做半双工;可以同时收发信息的线路叫全双工,只有全双功的声卡才可以支持 Internet 通话功能。

4. 声卡的选购

声卡是计算机主要的多媒体配置之一,选购时除了注意其性能指标外,还应该注意下面的几点:

1) 按需选购

现在市场上声卡产品较多,不同品牌的声卡性能价格不一样,因此在选购之前一定要先考虑买声卡的目的和要求。一般说,如果只是用来听 CD、看影碟或玩游戏,几乎所有的声卡都能胜任,板载声卡也能满足要求,选择低廉声卡就可以;如果用来玩大型 3D 游戏,则要选购带 3D 音效功能的声卡;如果对声卡要求较高,如音乐发烧友或个人音乐工作室等,有特殊要求,这时应考虑选购高端产品使用。

2) AC 97 和 HD Audio 标准

AC 97 标准(Audio CODEC97)是 1996 年由 5 家公司共同提出的一种全新思路芯片级 PC 音源结构。AC97 标准作为一种全新的音源架构,主要是针对多媒体 PC 的音源信号处理方式和音源硬件加速方式而强化的两项功能。简言之,就是把它们集成在芯片组中,以形成一种全新的 PC 音源架构。要求声卡上的 D/A 与 A/D 转换部分、混音部分和数字音效芯片分离,由单独的芯片完成以达到良好的信噪比,此芯片的正式名称是 CODEC(coder-decoder,编码/解码器)。

HD Audio(High Definition Audio,高保真音频)是 Intel 与 Dolby 公司合力推出的新一代音频规范,与 AC97 有许多共通之处,某种程度上可以说是 AC97 的增强版,但并不能向下兼容 AC97 标准。它在 AC97 的基础上提供了全新的连接总线,支持更高品质的音频以及更多的功能。与 AC97 音频解决方案相类似,HD Audio 同样是一种软硬混合的音频规范,集成在 ICH6 芯片中(除去 Codec 部分)。与现行的 AC97 相比,HD Audio 具有数据传输带宽大、音频回放精度高、支持多声道阵列麦克风音频输入、CPU 的占用率更低和底层驱动程序可以通用等特点。

　　3) 熟悉声卡所使用的音效芯片

　　音频处理芯片是决定一块声卡性能和功能的关键,因此在选购之前一定要了解声卡所使用的芯片类型。目前主流音效芯片大概有以下几种:

　　(1) Creative 系列音效芯片。Creative 137X 系列(ES-137X)是早期的 PCI 声卡,这个系列音效芯片信噪比较高,在录制 WAV 音频时可以得到比较满意的音质,由于技术简单,因此合成后的 MIDI 乐曲整体效果不是很好。在三维音效方面,该芯片可以实现硬件加速 DS3D、软件模拟 A3D 1.0 和 EAX,可以模拟支持 4 音箱输出,在四声道模式下可以获得较好的三维定位效果。

　　EMU10K1 是一块可编程的 DSP,搭配创新自己的 CT1297-TAT 数模转换芯片,可以通过软件来改进功能、增强处理能力,生命力较强。由于率先采用了 8 点内插运算功能,所以音质极佳,达到了 DSP 数据转换的高峰,经它处理转换后的音频信号,听起来很逼真,而且 EMU10K1 更是凭借自己强大的运算能力,足以轻松应付各种复杂的三维音效处理;缺点是 MIDI 的合成能力差。

　　(2) ESS 系列音效芯片。ESS MAESTRO-2(1968)系列是 ESS 公司生产的第二代 PCI 音效芯片,该芯片首先采用了 32 位线程处理技术,大大降低了声卡放音时 CPU 的占用率;其次,采用数据缓存技术,通过把数据存储在系统内存中,从而使 PCI 总线数据传输速度加快;同时 ESS MAESTRO-2(1968)芯片还支持两路立体声音频输出,可以为用户营造一种模拟的环绕效果;另外在三维音效方面,它采用了 Sensaura 新一代的技术,在音质效果上显得更加逼真。

　　ESS Canyon3D 处理能力为 500MIPS,拥有两个可以编程的处理单元,可以加速超过 32 个 DirectSound3D 音频流,支持 3D 音频。它与 ESS MAESTRO-2 最大的区别在于真正支持 4 声道输出,而且与其他多声道声卡有所不同,它提供了一个可独立控制的低音炮输出接口,在 4 声道模式下能够提供真正的 HRTF 回放效果。在立体声模式下,可以使用户获得虚拟的环绕声。ESS Canyon3D 音效芯片的 CPU 占用率很低,它的 MIDI 合成效果仍然没有多少改进,基本回馈与和声特效表达不出。

　　(3) Aureal 系列音效芯片。Vortex AU8820 芯片是目前市场上使用最多的芯片之一,拥有 48 个硬件音频流通道,并具有输出 SPDIF 的能力,而且 Vortex AU8820 同时也提供了对 DS3D 的支持。在音质方面,Vortex AU8820 的表现令人十分满意,基本上都可以达到其所标称的信噪比。在 MIDI 合成方面,Vortex AU8820 芯片提供了兼容 DLS 的波表合成引擎,硬件复音达 32 个,另外还可以用软件合成 32 个复音,但合成后的音质效果一般。在兼容性上,Vortex AU8820 的表现还算不错,不过它对 CPU 的占用率极高。

　　Vortex2 AU8830 硬件处理能力为 600MIPS,拥有 96 个硬件音频通道,并可同时渲染 76 个 3D 音源,有两个 32 位复音处理单元,共有 64 个硬件复音,另外加上 256 个软件复音,可以支持 320 个复音。由于其主要功能和性能都已固化,无法通过软件升级,这是此款芯片的最大不足之处。

　　(4) YAMAHA 芯片。日本的 YAMAHA 公司一直以生产世界闻名的电子乐器出名,

MIDI 更是它的拿手好戏，所以，该公司的音效芯片在处理 MIDI 回放时都有逼真的效果。该公司还出品了著名的 SYXG 的软波表合成器，通过 YAMAHA 极为优秀的算法，其表现出来的效果直逼许多昂贵的高档声卡。它的几款产品有着很好的口碑，而且它也与创新公司一样使用自己生产的音效芯片来生产它们自己的声卡产品。

4）声卡的新技术

随着计算机技术的不断发展，声音处理技术也在不断更新换代中，近几年出现的主要有以下几种。

（1）波表合成技术。波表合成技术指将各种真实乐器发出的所有声音录制下来存储为一个波表文件，在播放时根据 MIDI 文件所记录的乐曲信息从波表中找出对应的声音信息，进行加工合成后再播放出来。由于 PCI 总线的传输带宽可达 133Mb/s，因此可以利用系统主内存代替专用声音存储器，解决了以前 ISA 声卡中音色库存储空间与硬件成本的冲突。与此同时，PCI 声卡还采用了一种叫做 DLS 的技术，依靠声卡自己的音频处理芯片对调入内存的音色库进行合成，从而大大降低了 CPU 的占用率；此外，这种音色库还可以随时更新，并利用 DLS 音色编辑软件进行修改。

（2）3D 音频技术。3D 音频技术是现阶段主流声卡不可或缺的组成部分，对于支持 3D 音效技术的声卡来说，其声音处理的算法非常重要，它决定了产品的定位和音频效果。目前不少音频技术公司和声卡厂商开发出了各种各样的算法和技术，都有自己专门的编程接口（API）。

（3）Aureal 3D（A3D）。A3D 基本原理是根据人的头部对不同方位的声音加以频率校正，在虚拟的三维空间中模拟出多个音源，再利用这些音源之间的位置变换、声音强弱来实现音效定位。A3D 1.0 技术包含"环绕"和"互动"两部分内容，允许两只普通的音箱或一对耳机，听者在环绕着的三维空间中精确地定位声源。A3D 2.0 音效技术支持更多的 3D 声源、更高的采样率和更大的 HRTF 过滤器，此外更具有独创的声波追踪技术。声波追踪技术可以分析一个空间的三维几何性状，实时跟踪声波在环境中受到的反射和吸收，意味着人们从中可以聆听到更为逼真的音响效果。

（4）DirectSound3D（DS3D）。DirectSound3D 由 Microsoft 开发，具有强大的扩展能力，同时还具有多达 32 个音频文件的指令工具。DS3D 的作用就在于帮助开发者定义声音在 3D 空间中的定位和声响，而这一切是靠与 DS3D 兼容的声卡用各种算法来实现的。由于 Microsoft 具有举足轻重的地位，因此 DS3D 推出后就得到了广泛的应用。

（5）EAX。EAX（环境音效扩展集）是由创新公司开发，本质上是依附于 DirectSound3D 的扩展 API，因此要支持 EAX 就必须支持 Direct Sound3D。EAX 1.0 的作用很简单，只是为游戏加入 3D 混响效果；EAX 2.0 加入了"声波穿越障碍物"和"声波的衍射现象"等高级环境音效；EAX 3.0 在继承前两代产品特性的同时，提还供了更为强大且简单易用的开发工具，包括可以为每一个单独音源做早反射和混响的控制等，并公开了环境的全部参数，使开发和创建特别音效更为容易和直观。

其他的选购注意事项和前面的硬件选购很相似，如注意兼容性问题，声卡与其他配件发生冲突的现象较为常见，所以在选购之前一定要了解自己计算机的配置，避免不兼容问题出现；看声卡的做工，由于模拟信号对干扰相当敏感，声卡的设计和制造工艺很重要；测试声卡质量，装上声卡后，亲自测试和视听声卡的质量；最后同样要关心声卡的售后服务等。

5. 声卡的故障

1) 声卡无声

常见的原因有：驱动程序默认输出为"静音"。单击屏幕右下角的声音小图标(小喇叭)，出现音量调节滑块，下方有"静音"选项，单击前边的复选框，清除框内的对号，即可正常发音；声卡与其他插卡有冲突。解决办法是调整各卡所使用的系统资源，使各卡互不干扰；安装了 Direct X 后声卡不能发声，说明声卡与 Direct X 兼容性不好，需要更新驱动程序；一个声道无声，检查声卡到音箱的音频线是否有断线。

2) 声卡发出的噪音过大

常见的原因有：插卡不正，由于机箱制造精度不够高、声卡外挡板制造或安装不良导致声卡不能与主板扩展槽紧密结合，目视可见声卡上"金手指"与扩展槽簧片有错位。这种现象在 ISA 卡或 PCI 卡上都有；有源音箱输入接在声卡的 Speaker 输出端。对于有源音箱，应接在声卡的 Line-out 端，它输出的信号没有经过声卡上的功放，噪声要小得多。有的声卡上只有一个输出端，是 Line-out 还是 Speaker 要靠卡上的跳线决定，厂家的默认方式常是 Speaker，所以要拔下声卡调整跳线；Windows 自带的驱动程序不好，在安装声卡驱动程序时，要选择"厂家提供的驱动程序"而不要选"Windows 默认的驱动程序"。

3) PCI 声卡出现爆音

一般是因为 PCI 显卡采用 BusMaster 技术造成挂在 PCI 总线上的硬盘读写、鼠标移动等操作时放大了背景噪声的缘故。

解决方法：关掉 PCI 显卡的 BusMaster 功能，换成 AGP 显卡，将 PCI 声卡换插槽。

4) 无法正常录音

首先检查麦克风是否错插到其他插孔，其次双击小喇叭，选择菜单上的"属性→录音"，看看各项设置是否正确。接下来在"控制面板→多媒体→设备"中调整"混合器设备"和"线路输入设备"，把它们设为"使用"状态。

5) 无法播放 WAV 音乐、MIDI 音乐

不能播放 WAV 音乐现象比较罕见，常常是由于"多媒体→设备"下的音频设备不止一个，禁用一个即可；无法播放 MIDI 文件则可能有以下 3 种可能：早期的 ISA 声卡可能是由于 16 位模式与 32 位模式不兼容造成 MIDI 播放的不正常，通过安装软件波表的方式应该可以解决；PCI 声卡大多采用波表合成技术，如果 MIDI 部分不能放音则很可能没有加载适当的波表音色库；Windows 音量控制中的 MIDI 通道被设置成了静音模式。

8.1.2 音箱

计算机扬声设备分为内置扬声器和外置扬声器，笔记本计算机一般采用内置扬声器发声；台式机一般采用外置扬声设备，即音箱。

音箱是整个音响系统的终端，其作用是把音频电能转换成相应的声能，并把它辐射到空间去。音箱质量的好坏直接关系到音质的高低，好的声卡要和音箱配合才能获得好的声音效果。

1. 音箱的类型

按音箱是否带有放大电路分为有源音箱和无源音箱，无源音箱的放大器独立于音箱外，而有源音箱的放大器和音箱组装在一起的，也就是经常提到的多媒体音箱；按音箱的材质

分为塑料音箱与木制音箱；按音箱的声道分为双声道和多声道音箱。

2. 音箱的结构

音箱主要由扬声器、功率放大器、分频器和箱体4部分组成。

扬声器是整个音响系统的最终发声部件，有源音箱上所用到的扬声器按用途可分为高音扬声器、中音扬声器、低音扬声器和全频扬声器4种。按结构又可分为锥盆式和球顶式两类。

功率放大器：有源音箱的功放一般放在低音炮中，主要由功放电路和电源变压器组成，功放电路用来对音乐信号进行放大并实现各种操作功能，电源变压器则为功放组件提供电能。

分频器是采用分频技术将音乐信号按频率高低分配给高音、中音、低音扬声器，高档的分频器还能对声音的音色进行调整。

箱体用来消除扬声器单元的声短路，抑制声共振，拓宽频响范围，减少失真。声短路一般发生在低频段，是扬声器的正面和背面所发出的声波相位相仿而相互抵消的现象。

3. 音箱的性能指标

1）声道（Sound Channel）

音箱所支持的声道数是衡量音箱档次的重要指标之一。声道是指声音录制或播放时在不同空间位置采集或回放相互独立的音频信号，所以声道数就是声音录制时的音源数量或回放时相应的扬声器数量。理论上声音完全真实再现需要无限多的拾音器、声道和扬声器，在实际中无法办到，只能利用特定的音效技术尽量真实地再现声音。

单声道：早期声卡采用单声道，是比较原始的声音复制形式。当通过两个扬声器回放单声道声音时，可以明显感觉到声音是从两个音箱中传出。

立体声：立体声技术的出现改变了单声道缺乏对声音的位置定位。声音在录制过程中被分配到两个独立的声道，从而达到了很好的声音定位效果，听众可以清晰地分辨出各种乐器来自的方向，从而使音乐更富想象力，更加接近于临场感受。立体声技术成为影响深远的一个音频标准，时至今日依然是许多产品遵循的技术标准。

准立体声：准立体声声卡是在录制声音的时候采用单声道，而放音时有立体声，有单声道。采用这种技术的声卡现已消失。

四声道环绕：立体声虽然满足了人们对左右声道位置感体验的要求，但是随着技术的发展，发现双声道已经越来越不能满足人们的需求。由于PCI声卡的出现带来了许多新的技术，其中发展最为神速的当数三维音效。

4.1声道：如图8.4所示，规定了4个发音点：前左、前右、后左、后右，听众被包围在其中。为了加强对低频信号的回放处理，则增加一个低音音箱，这就是4.1声道音箱。就整体效果而言，四声道系统可以为听众带来来自多个不同方向的声音环绕，可以获得身临各种不同环境的听觉感受。

5.1声道：5.1声道已广泛运用于各类传统影院和家庭影院，如图8.5所示。一些比较知名的声音录制压缩格式，如杜比AC-3（Dolby Digital）、DTS等都是以5.1声音系统为技术蓝本。其中".1"声道，则是一个专门设计的超低音声道，这一声道可以产生频响范围20～120Hz的超低音。其实5.1声音系统来源于4.1环绕，不同之处在于它增加了一个中置单元。这个中置单元负责传送低于80Hz的声音信号，在欣赏影片时有利于加强人声，把对话集中在整个声场的中部,以增加整体效果。

图 8.4　4 声道音箱　　　　　　　　图 8.5　5.1 声道音箱

6.1 和 7.1 声道两者非常接近,它们都是建立在 5.1 声道基础上,将 5.1 声道的后左、后右声道放在听音者的两侧,在听音者后方加上 1 或 2 个后环绕。其中".1"仍然是指低音音箱,也叫低音炮,用来播放分离的低频声音。和 5.1 声道相比,6.1 和 7.1 声道可以获得更真实的从头顶或身边飞过的效果,无论是影院还是家庭欣赏都具备更和谐的环绕效果。现在已经有越来越多的电影在录制的时候就采用 6.1 或 7.1 声道。

2)功率

功率决定了音箱所能发出的最大声音强度,对音箱功率的标注方法有两种:额定功率和峰值功率。额定功率是指能够长时间正常工作的功率值;而峰值功率是指在瞬间能够达到的功率值。在选购音箱时,一般以额定功率为准。

3)失真度

失真度直接影响到音质音色的还原程度。音箱的失真度定义与放大器的失真度基本相同,不同的是放大器输入输出都得是电信号。音箱输入的是电信号,输出的则是声音信号。音箱的失真度是指电信号转换为声信号的失真。失真度一般用百分比表示,越小越好。音箱的失真允许范围是 10%内,要求较高的一般应该在 1%以下,一般人耳对 5%以内的失真基本不敏感。

4)频响范围

音箱的频响范围是指该音箱在音频信号重放时,在额定功率状态下并在指定的幅度变化范围内音箱所能重放音频信号的频响宽度。理论上讲音箱的频响范围应该是越宽越好,应该在 20Hz~20kHz 的范围内。事实上受到了很多的限制,如房间的容积、喇叭的尺寸、音箱的体积等。音箱的频响范围越宽对放大器的要求就越高,否则放大器的缺点全让音箱给暴露了,如果音箱的高音很好,而放大器的高端噪声很大,这时就会听到高频噪音。多媒体音箱的频率范围一般要求在 70Hz~10kHz(−3dB)即可,要求较高的可在 50~16kHz(−3dB)左右。

5)阻抗

阻抗是扬声器输入信号的电压与电流的比值。音箱的输入阻抗一般分为高阻抗和低阻抗两类,高于 16 欧的是高阻抗,低压 8 欧是低阻抗,音箱的标准阻抗是 8 欧。在功放和输出功率相同的情况下,低阻抗的音箱可以获得较大的输出功率,但阻抗太低又会造成欠阻尼和低音劣化现象。因此选购时最好选用标准阻抗的音箱。

6）信噪比

信噪比是指音箱回放正常声音信号强度和噪声信号强度的比值（dB）。信噪比低时，小信号输入时噪声严重影响音质。因此，一般选购时建议购买信噪比高于 80dB 的音箱和信噪比高于 70dB 的低音炮。

7）灵敏度

音箱的灵敏度是指在给音箱输入端输入 1W/1kHz 信号时，在距音箱喇叭平面垂直中轴前方一米的地方所测试得的声压级，灵敏度单位分贝（dB）。信号越低，灵敏度越高。灵敏度每相差 3dB 输出的声压就相差一倍，一般以 84dB 以下为低灵敏度；87dB 为中灵敏度；90dB 以上为高灵敏度。灵敏度的提高是以增加失真度为代价的，因此一般为了保持音箱的保真度就必须减小对灵敏度的要求。

8）输入接口

这里主要是看音箱是否支持多声道音频信号的输入接口、是否有接无源环绕音箱的输出接口、是否支持 USB 输入和其他的数字输入形式。

9）特殊音效技术

特殊音效技术主要指为改善音质音效等所采用的一些增强技术。

10）扬声器设计与尺寸

通常，多媒体音箱都是双单元二分频设计，一个较小的扬声器负责中高音的输出，而另一个较大的扬声器负责中低音的输出。扬声器尺寸自然是越大越好，大口径的低音扬声器能在低频部分有更好的表现。用高性能的扬声器制造的音箱意味着有更低的瞬态失真和更好的音质。普通多媒体音箱低音扬声器的喇叭多为 3～5 英寸之间。

11）箱体材料

常见的计算机音箱主要有塑料和木质两类。不同的材质各有自己的优点，塑料优点是加工容易，外形可以做得比较好看，在大批量的生产中可以做到很低的成本。但并不意味着塑料就是低档的代名词，国内的厂家在塑料材质的密度和加工工艺方面不理想，一般都把塑料箱体用在中低档产品。木质音箱中低价位的大多采用中密板作为箱体材质，而高价位大多采用纯木板作为箱体材料。避免箱体谐振和密封性、保证箱体木板的厚度和木板之间结合紧密程度都是影响音质的关键因素。

4. 音箱的选购

计算机音箱是多媒体计算机重要的外部设备之一，除参考其重要性指标外，还应注意以下几个方面：

（1）符合声卡的需要，满足声卡的要求。

（2）使用高音和低音都比较丰富的音乐 CD 试听。将音量调到最大，声音有无失真，同时观察电源指示灯是否闪烁（闪烁越小越好）；将低音旋钮调到最小，高音旋钮调到最大，听高音是否细腻；将音量调到最大，关掉音乐，听音箱的噪音，噪音越小越好。

（3）尽量减少扬声器上的磁铁对周围环境的干扰。将音箱靠近显示器，观察显示有无偏色，如果没有则屏蔽效果好。

（4）音箱的外表选择，质量差的音箱外表做工上也较差，所以选购时仔细观察箱体表面有无气泡、裂纹，开关操作是否方便等。外形一般根据自己的审美观进行选购即可。

（5）音箱的品牌、价格和售后服务。常见的品牌有漫步者、索尼、飞利浦、雅马哈、国立、奋达、创新等，品牌音箱厂商大多具备专业生产线以及完善的品质保障制度，所选用的原材料也正规，当然产品质量和售后服务就有保证。选用音箱的价格根据自己的经济条件来决定。

8.2 机箱与电源

8.2.1 机箱

机箱是计算机主要配件的载体，其主要功能有 3 项：一是固定和保护计算机配件，将零散的计算机配件组装成一个有机的整体；二是具有防尘和散热的功能；三是具有屏蔽计算机内部元器件产生的电磁波辐射，防止对室内其他电器设备的干扰，并保护人的身体健康的功能。机箱从外形上可分为卧式和立式两种；从结构上分为 AT、ATX、Micro ATX 以及最新的 BTX-AT 机箱，目前最常见的是 ATX 和 BTX 机箱。

1. 机箱的结构

如图 8.6 所示，机箱内部有各种框架，可安装和固定主板、电源、接口卡以及磁盘驱动器等部件。从外面看，机箱的正面是面板，包含各种指示灯、开关与按钮，一般机箱都有电源开关、复位（Reset）按钮等，指示灯有电源灯、硬盘驱动器指示灯等。机箱背面有各种接口，用来连接键盘、显示器、鼠标和电源线、网线等。

图 8.6 机箱内部结构

2. 机箱的选购

一般选择 PC 机箱时，外观是首选因素，然而，选择服务器机箱，实用性就排在了更加重要的地位，一般来说主要应该从以下几个方面进行考核：

1）散热性能

随着各种主流计算机配件的功率越来越大，机箱的散热也越来越重要。机箱散热性能主要表现在三个方面，一是风扇的数量和位置；二是散热通道的合理性；三是机箱材料的选材。具有较好散热性能的机箱产品一般拥有相对较多的散热孔、两个以上的散热风扇。目前散热效果较为明显的是采用前后通风双风道系统、"双程互动式散热结构"的机箱；一些优质机箱更是采用了"计算机智能温控仪器"来散热；此外，有的机箱还可以采用水冷结构的散热方式。一般的机箱采用风冷散热。

2）做工和用料

做工和用料是检验一款机箱产品是否合格或优质的重要依据。好的机箱一般采用全钢制冷镀锌材质，主板托盘经过精密冲压设备锻压成型，面板要求烤漆均匀。ABS 塑料面板的边缘切割要求齐整、光泽光鲜均匀。此外，机箱还应注重边角的处理，好的产品经过预打磨处理，具有良好的全折边工艺，没有任何的毛边、钝口和毛刺现象。

3）扩展性能

机箱的扩展性能直接决定计算机的升级潜力,而扩展性能主要取决于机箱的内部空间大小、扩展槽多少等方面。一般机箱总宽度减去驱动器托架宽度所剩距离应在 45mm 以上,而驱动器托架则应至少可容纳三个 5 英寸及三个 3 英寸以上驱动器座,以确保日后计算机升级的顺利进行。

4）使用便捷性

机箱作为连接所有计算机配件的载体,其使用的方便程度决定着机箱的档次。目前较为流行的便捷式设计主要包括 USB 与音频接口前置、机箱安全锁、集线板、轨道式侧板、手动螺丝、滑插式卡类固定锁、条装卡式设备等。

5）电磁屏蔽性能

一款电磁屏蔽性能良好的机箱,能大大减小计算机所带来的电磁辐射。

6）外观

机箱的外观设计差别较大,不同人群的审美眼光不尽相同,因此各取所需。

8.2.2　机箱直流电源

机箱直流电源就是计算机电源转换适配器,将交流电转换成直流电,为计算机内各部件提供稳定的不同电压值的直流电,稳定的电源是计算机各部件正常运行的保证。计算机所用的电源从规格上主要分为 AT 电源、ATX 电源和 BTX 电源,如图 8.7 和图 8.8 所示。ATX 电源和 BTX 电源比较常见,AT 电源已被淘汰。

图 8.7　ATX 机箱直流电源

图 8.8　BTX 机箱直流电源

1. 直流电源的结构

1）外部结构

（1）电源插座。通过电源线使计算机与家用电源插座相连,提供机器所需的电能。有的还带有显示器。

（2）输出电源插头。主板电源插头插入主板的电源插座,为主板提供电能。ATX 主板电源插头只有一个,是 20 针防插错插头。从 ATX 12V 2.0 电源标准开始,采用了双 12V 供电设计,主板的电源接口就从原来的 20 针升级为 24 针(4 针专门为 CPU 供电),并向下兼容。如图 8.9 所示,目前电源最新版本是 ATX 12V 3.1。

值得说明的是,20 针完全可以满足电源的所有功能。目前,大部分电源使用的是 24PIN,实际上 24PIN 比 20PIN 多出来的 4PIN 是用来对主板加强供电的,主要为某些高功耗的元件提供加强供电,如高功耗的显卡。除了总电源的 24PIN 或 20PIN,还有辅助供电

图 8.9　ATX 主板电源 20 PIN 和 204 PIN

插头,通常为 8PIN 或 4PIN,主要为 CPU 辅助供电,电源插头规格通常可以描述为 24PIN
＋8PIN 和 24PIN＋4PIN 等,分别为高功耗元件供电和为 CPU 辅助供电。

　　外部设备电源插头:为硬盘、光驱等外部设备提供所需电能。

　　ATX 电源输出电源电压、电流参数如表 8.1 和表 8.2 所示。

表 8.1　ATX 电源各路电压的额定输出电流(单位为 A)

电源各输出端	＋15V	＋12V	＋3.3V	－5V	－12V	＋5VSB
额定输出电流	21A	6A	14A	0.3A	0.8A	0.8A

表 8.2　电源输出排线功能一览表

序　号	导线颜色	功　　　能
1	灰色	Power OK 电源正常工作
2	蓝色	提供－12V 电源
3	红色	提供＋5V 电源
4	橘黄	提供＋3.3V 电源
5	黑色	地线
6	黄色	提供＋12V 电源
7	紫色	提供＋5VStand by 电源,供给电源启动电路使用
8	绿色	PS-ON 电源启动信号,低电平-电源开启,高电平-电源关
9	白色	提供－5V 电压

　　(3) 散热风扇。电源盒内安装有散热风扇,以便减少电源工作时产生的热量。

　　(4) 铭牌。电源的铭牌上都标明了电源的技术指标,如图 8.10 所示。上面标明有电源输

图 8.10　Micro ATX 电源铭牌

入输出指标、功率、安全与质量认证、厂家标志等,通过铭牌可以了解该产品的相关技术参数。

2)内部结构

计算机机箱电源内部电路主要包括电路由交流输入回路、整流滤波电路、推挽开关电路、辅助开关电源、PWM 脉宽调制电路、PS-ON 控制电路、保护电路、输出电路和 PW-OK信号形成电路等,如图 8.11 所示。下面简单介绍一下各组成部分的工作原理。

(1)交流输入回路。交流输入回路包括输入保护电路和抗干扰电路等。输入保护电路指交流输入回路中的过流、过压保护及限流电路;抗干扰电路有两方面的作用:一是指计算机电源对通过电网进入的干扰信号的抑制能力;二是指开关电源的振荡高次谐波进入电网对其他设备及显示器的干扰和对计算机本身的干扰。通常要求计算机对通过电网进入的干扰信号抑制能力要强,通过电网对其他计算机等设备的干扰要小。

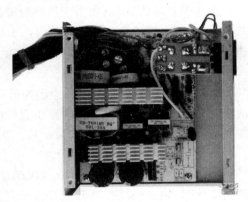

图 8.11　ATX 电源内部结构

(2)整流电路。整流电路包括整流和滤波两部分电路,将交流电源进行整流滤波,为开关推挽电路提供纹波较小的直流电压。

(3)辅助电源。辅助电源本身也是一个完整的开关电源。只要 ATX 电源一上电,辅助电源便开始工作,输出两路电压,一路为＋5VSB 电源,该输出连接到 ATX 主板的"电源监控部件",作为它的工作电压,使操作系统可以直接对电源进行管理。通过此功能,实现远程开机,完成计算机唤醒功能;另一路输出电压为保护电路、控制电路等电路供电。

(4)推挽开关电路。推挽开关电路是 ATX 开关电源的主要部分,它把高频交流电压变换成直流电压,并且起着将输出部分与输入电网隔离的作用。

(5)PWM 脉宽调制电路。PWM 是检测输出直流电压,它与基准电压比较,进行放大,控制振荡器的脉冲宽度,从而控制推挽开关电路以保持输出电压的稳定。

(6)PS-ON 控制电路。ATX 电源最主要的特点是,它不采用传统的市电开关来控制电源是否工作,而是采用"＋5VSB、PS-ON"的组合来实现电源的开启和关闭,只要控制 PS-ON 信号电平的变化,就能控制电源的开启和关闭。电源中的 S-ON 控制电路接受 PS-ON信号的控制,当 PS-ON 小于 1V 时开启电源,大于 4.5 伏时关闭电源。主机箱面上的触发按钮开关(非锁定开关)控制主板的"电源监控部件"的输出状态,同时也可用程序来控制"电源监控件"的输出,如在 Windows 9X 平台下,发出关机指令,使 PS-ON 变为＋5V,ATX 电源就自动关闭。

(7)保护电路。为了保证安全工作,ATX 电源中设置了各种各样的保护电路。当开关电源发生过电压、过电流故障时,启动保护电路,开关电源停止工作以保护负载和电源本身。

2. 直流电源的性能指标

1)电源输出功率

输出功率是电源最主要的性能参数,一般指直流电的正常输出功率,即额定功率。现在市场上电源的功率有 300W、400W、450W、500W 等,海盗船 AX1500i 电源功率甚至达到了 1500W。功率越大,代表可连接的设备越多,计算机的扩充性就越好。随着计算机性能的不断提升,耗电量也越来越大,大功率的电源是计算机稳定工作的重要保证,电源功率的相关参数在电源标识上一般都可以看到。

2)过压保护

过压保护是指,当电源出现故障时输出电压不稳定,电源便会切断输出以保护主机内的部件。ATX 电源输出有±5V、±12V、3.3V 和辅助性 5V 电压。若电源的电压太高,则可能烧坏计算机的主机及其插卡,目前电源大都具有过压保护的功能。

3)噪声和滤波

电源输入 220V 的交流电,输出为低压的直流电。噪声大小用于表示输出直流电的平滑程度,而滤波品质的高低代表输出直流电中包含交流成分的高低。噪声和滤波这两项性能指标需要专门的仪器才能定量分析。

4)瞬间反应能力

瞬间反应能力是电源对异常情况的反应能力,指当输入电压在允许的范围内瞬间发生较大变化时,输出电压恢复到正常值所需的时间。

5)输出电压保持时间

计算机应用的不间断电源,在正常供电状态下一般处于待机状态,一旦外部断电,它会立即进入供电状态,这个过程需要大约 2～10ms 的切换时间,在此期间需要电源能够自身靠内部储备的电能维持供电。一般优质电源的电压保持时间可达 20ms,都能保证在 UPS 切换到供电期间维持正常供电。

6)电磁干扰

电源在工作时内部会产生较强的电磁振荡和辐射,从而对外产生电磁干扰。这种干扰一般是用电源外壳和机箱进行屏蔽,但无法完全避免这种电磁干扰。为了限制它,国际上制定了 FCCA 和 FCCB 标准,国内也制定了国标 A(工业级)和国标 B(家用电器级),优质电源都能通过 B 级标准。

7)开机延时

开机延时是为了向计算机提供稳定的电压而在电源中添加的新功能,因为在电源刚接通电时,电压处于不稳定状态,为此电源设计者让电源延迟 100～500ms 之后再向计算机供电。

8)电源效率和寿命

电源效率和电源设计电路有密切的关系,提高电源效率可以减少电源自身的电源损耗和发热量。电源寿命是根据其内部的元器件的寿命确定的,一般元器件寿命为 3～5 年,则电源寿命可达 8～10 万小时。

9)电源的安全认证

为了避免因电源质量问题引起的严重事故,电源必须通过各种安全认证才能在市场上销售,因此电源的标签上都会印有各种国内、国际认证标记。其中,国际上主要有 FCC、UL、CSA、TUV 和 CE 等认证,国内认证为中国的安全认证机构 CCEE 长城认证。

3. 直流电源的选购

在选购机箱电源的实际操作过程中,可以从以下几点入手:

1）外观检查

由于散热片在机箱电源中作用巨大，影响到整个机箱电源的功效和寿命，所以要仔细检查一下电源的散热片是否够大。另外就是要检查电源电缆线的粗细，电源的输出电流一般较大，很小的一点电阻值就会产生很大的压降损耗，质量好的电源电缆线比较粗，电缆线的质量比较好。

2）散热片用料检查

从散热片来看，质量好的名牌电源一般都采用铝质或铜质的散热片，而且散热片大且厚。劣质电源虽然也采用铝质或铜质材料，但散热片小而薄，有时甚至使用铁片作为散热片，一般来说这些都是假冒伪劣产品。

3）市场反馈

从市场的反馈情况来看，名牌电源的销售情况一般较好，如长城，银河等。但值得注意的是，名牌电源的仿制品和假冒产品较多，所以选购时需要特别注意。

4）做一些简单试验

这个试验就是倾听电源风扇的声音，电源在空载运行时风扇的运行声音小而均匀（接上负载后风扇声音有所增大）。

8.2.3 UPS 电源

UPS(Uninterruptible Power System)即不间断电源系统，就是当停电时能够紧急取代市电，供应电力给设备，就如同紧急照明设备一样，如图 8.12 所示。当电压正常输入时，UPS 作为一台交流市电（市电，即常用的工频交流电）稳压器，将市电稳压后供给负载使用，同时对机内电池充电，把能量储存在电池中；当市电中断或输入故障时，UPS 立即将机内存储的能量转换为 220V 交流电继续供负载使用，避免引起计算机数据丢失和错误、设备损坏或失控死机、停止工作等情况的发生。UPS 并不是停电时才会工作，UPS 设备通常对电压过高或电压过低都能提供保护。如遇到电压下降、尖波、电压突波、噪声干扰、高（低）电压瞬时足以影响设备正常运转的电力质量问题时，均会自动稳压滤除噪声，为设备提供稳定且干净的电源环境。

图 8.12　山特 C3KS UPS 电源

1. UPS 分类

UPS 按工作原理分成离线式、在线式与在线互动式三大类。

1）离线式 UPS

最常用的是离线式 UPS，平时处于蓄电池充电状态，在停电时逆变器紧急切换到工作状态，将电池提供的直流电转变为稳定的交流电输出，因此离线式 UPS 也被称为后备式 UPS。因为存在一个切换时间问题，因此不适合用在供电不能中断的场所。由于它具备了自动稳压、断电保护等 UPS 最基础也最重要的功能，虽然一般有 10ms 左右的转换时间，但由于结构简单、价格便宜、可靠性高等优点，因此广泛应用于计算机、外设、POS 机等领域。

2)在线式 UPS

在线式 UPS 则一直使其逆变器处于工作状态,它首先通过电路将外部交流电转变为直流电,再通过高质量的逆变器将直流电转换为高质量的正弦波交流电,输出给计算机。在线式 UPS 在供电状况下的主要功能是稳压及防止电波干扰,在停电时则使用备用直流电源给逆变器供电。在线式 UPS 结构较复杂,但性能完善,能够解决尖峰、浪涌、频率漂移等全部的电源问题;但由于需要较大的投资,通常应用在关键设备与网络中心等对电力要求苛刻的环境中。

3)在线互动式 UPS

在线互动式 UPS 是一种智能化的 UPS,可自动侦测外部输入电压是否处于正常范围之内,如有偏差可由稳压电路升压或降压,提供比较稳定的正弦波输出电压,而且它与计算机之间可以通过数据接口进行数据通信。通过监控软件,用户可直接从计算机屏幕上监控电源及 UPS 状况,从而简化工作,并可提高计算机系统的可靠性。

无论使用哪种 UPS,都只需要将电力系统及其外设连接到 UPS 上,再将 UPS 与市电电源相连。当市电中断时,UPS 便发出警告声,此时用户应迅速存盘。表 8.3 所示为三种类型 UPS 电源特点的对比。

表 8.3 三种 UPS 电源特点

UPS 种类	后　备　式	在　线　式	在线互动式
容量	250VA～2kVA	1～100kVA 以上	1～5kVA
功能	基本功能	完全保护功能	较完全保护功能
转换时间	<10ns	0ns	4ns
输出波形	方波(多数)	正弦波	正弦波
适用负载	PC 终端设备	服务器、小型机	工作站、网络设备

2. UPS 选购

1)依据参数

UPS 作为一级供电设备,连接着很多重要的负载,因此它的可靠性很重要。衡量 UPS 可靠性的指标有工作效率、输出电流峰值系数、输出电流浪涌系数、过载能力和年均无故障时间等。这些指标是衡量一台 UPS 可靠性的标准,也是在购买 UPS 时应该重点考虑的。

2)适应能力

用户购买 UPS 在重点考察其可靠性的同时,也要注意它对电网的适应能力。UPS 对电网的适应能力包括输入电压范围、输入功率因数、对电网的谐波干扰和频率跟踪能力等。UPS 对电网的适应能力越强,它对用户负载的限制就越少。

3)根据需要

并不是每台计算机都要配备 UPS,如果计算机只是用于游戏、上网、看电影,也许就不需要 UPS;如果长期用计算机写作或设计制作,则一定得选购一台优质的离线式 UPS,以确保劳动成果不会因停电而断送。如果是电信、银行、交通、民航等数据安全性有严格要求的企业,就必须得配备智能化、网络化程度极高的在线式或在线互动式 UPS。

总的来说,后备式 UPS 对负载的保护最差,在线互动式好些,在线式则几乎可以解决所有的常见电力问题,当然成本也随着性能的增强而上升。因此用户在选购 UPS 时,应根据负载对电力的要求程度及负载的重要性不同,选取不同类型的 UPS,能够满足自己的应用需要就可以了,没有必要盲目地选择高性能。

4)品牌区别

在选购 UPS 时,还要选择有信誉的品牌与制造商,以保证 UPS 的稳定性及可靠性。尽量选择品牌产品,原装产品都会有出厂编号、说明书和技术手册等,而且运行时能够感到噪音较小;如果具有优秀的软件支持和管理,UPS 就不只是一个单纯的供电设备,而是具有自动检测、自动告警、自动存储等功能的智能设备。UPS 主要的品牌有 APC、山特、梅兰日兰、四通等。国外品牌在技术上有一定优势,同时价格也较为昂贵,其主要集中在中大功率 UPS 市场(10kVA 以上);国内一些优秀品牌凭借在技术上的不断追求与本土化的服务优势,取得了令人瞩目的成绩,已经成为中小功率 UPS 市场的主力军,四通 UPS 便是其中的杰出代表。

3. UPS 维护

在使用不间断电源系统的过程中,因蓄电池故障而引起 UPS 主机故障或工作不正常的比例大约为 1/3。由此可见,加强对 UPS 电池的正确使用与维护,对延长蓄电池的使用寿命,降低 UPS 系统故障率,有着越来越重要的意义。应从以下几个方面正确地使用与维护蓄电池。

1)保持适宜的环境温度

影响蓄电池寿命的重要因素是环境温度,一般电池生产厂家要求的最佳环境温度是在 20～25℃ 之间。目前 UPS 所用的蓄电池一般都是免维护的密封铅酸蓄电池,设计寿命普遍是 5 年,这在电池生产厂家要求的环境下才能达到。达不到规定的环境要求,其寿命的长短就有很大的差异。

2)定期充电放电

UPS 电源中的浮充电压和放电电压,在出厂时均已调试到额定值,而放电电流的大小是随着负载的增大而增加的,使用中应合理调节负载。一般情况下,负载不宜超过 UPS 额定负载的 60%。在这个范围内,电池的放电电流就不会出现过度放电。

UPS 因长期与市电相连,在供电质量高、很少发生市电停电的使用环境中,蓄电池会长期处于浮充电状态,日久就会导致电池化学能与电能相互转化的活性降低,加速老化而缩短使用寿命。因此,一般每隔 2～3 个月应完全放电一次,放电时间可根据蓄电池的容量和负载大小确定。一次全负荷放电完毕后,按规定再充电 8 小时以上。

3)利用通信功能

目前,绝大多数大、中型 UPS 都具备与计算机通信和程序控制等可操作性能。在计算机上安装相应的软件,通过串/并口连接 UPS,运行该程序,就可以利用计算机与 UPS 进行通信。一般具有信息查询、参数设置、定时设定、自动关机和报警等功能。通过信息查询,可以获取市电输入电压、UPS 输出电压、负载利用率、电池容量利用率、机内温度和市电频率等信息;通过参数设置,可以设定 UPS 基本特性、电池可维持时间和电池用完告警等。通过这些智能化的操作,大大方便了 UPS 电源及其蓄电池的使用管理。

4）及时更换废/坏电池

目前大中型 UPS 电源配备的蓄电池数量，从 3 只到 80 只不等，甚至更多。这些单个的电池通过电路连接构成电池组，以满足 UPS 直流供电的需要。在 UPS 连续不断的运行使用中，因性能和质量上的差别，个别电池性能下降、储电容量达不到要求而损坏是难免的。当电池组中某些电池出现损坏时，维护人员应当对每只电池进行检查测试，排除损坏的电池。更换新的电池时，应该力求购买同厂家同型号的电池，禁止防酸电池和密封电池、不同规格的电池混合使用。

8.3　键盘和鼠标

8.3.1　键盘

键盘是计算机中最基本的输入设备，用于输入命令和数据，如图 8.13 所示。键盘的发展也经历了不断改革和创新过程，从机械式键盘到电容式键盘，从 83 键键盘到 101(102)键键盘，到现在常见的 104 键、108 键，越来越人性化的设计是键盘的发展方向。

图 8.13　普通键盘的外观

1. 键盘的分类

键盘内部的微处理器控制着键盘的全部工作，如主机加电时键盘的自检、扫描、扫描码的缓冲以及与主机的通信等。当一个键被按下时，微处理器根据其位置，将字符信号转换成二进制码传给主机，如果操作人员输入速度快或 CPU 正在进行其他工作，微处理器就先将输入的内容送往缓冲区，等 CPU 空闲时再从缓冲区中取出暂存的指令分析并执行。

1）从原理上分类

键盘主要有机械式和电容式两类。机械式键盘结构类似金属接触式开关，导通或断开来触发电信号。电容式键盘是电容式开关的键盘，通过按键时改变电极间的距离引起电容容量改变从而驱动编码器。理论上这种开关是非接触式的，磨损率极小，也没有接触不良的隐患，具有噪音小、容易控制手感，可以制造出高质量的键盘。

2）从接口上分类

接口类型是指键盘与计算机主机之间相连接的接口方式，目前市场主流是 PS/2 接口和 USB 接口。PS/2 接口最早出现在 IBM 的 PS/2 的机上，因而得此名称，如图 8.14 所示。

图 8.14　PS/2 接口

这是一种鼠标和键盘的专用接口,为 6 针圆型接口,但键盘只使用其中的 4 针传输数据和供电,其余 2 个为空脚。PS/2 接口是 ATX 主板的标准接口,是目前应用广泛的键盘接口之一。键盘和鼠标都可以使用 PS/2 接口,但是按照 PC′99 颜色规范,鼠标通常占用浅绿色接口,键盘占用紫色接口。虽然从针脚定义来看,两者的工作原理相同,但由于它们在计算机内部不同的信号,所以不能混插。USB 接口支持热插拔,有 USB1.1、USB2.0 和 USB3.0 三个规范。另外 PS/2 接口不支持热插拔。

3) 从外形上分类

从外形上分为标准键盘和人体工程学键盘,如图 8.15 所示。

(a)   (b)

图 8.15   标准键盘和分布式人体工程学键盘

此外,市场上还有许多特殊的键盘,如无线键盘(用红外线或无线电取代传统的信号线来连接键盘与主板,有效距离可达几米)、可折叠键盘,具有多媒体功能和手写板功能的键盘等。

4) 从应用上分类

键盘按照应用主要可以分为台式机键盘、笔记本计算机键盘、工控机键盘三大类。

除以上分类外,还有一种触控键盘,通过触控来实现输入,触控按键是按键的一种,本身就是实体按键,只是按键的操作方式变成触摸,如图 8.16 所示。

图 8.16   触控式键盘

2. 键盘工作原理

键盘是最普遍的输入设备,一般由按键、导电塑胶、编码器以及接口电路等组成。在键盘上通常有上百个按键,每个按键负责一个功能。当用户按下其中一个键时,键盘中的编码器将此按键所对应的编码通过接口电路输送到计算机的键盘缓冲器中,由 CPU 进行识别处理。

3. 键盘的选购

键盘可靠性比较高,价格比较便宜,由于要经常通过它进行大量的数据输入,所以一定要挑选一个击键手感和质量较佳的键盘。

1)操作手感

键盘按键的手感是键盘对于使用者的最直观体验,也是键盘是否"好用"的主要标准。手感好的键盘除了打字时不至于使手指过于疲劳外,还可以加速学习与养成一种良好的习惯。机械式和电容式键盘的手感完全不同,一般说来,电容式的手感更为好一些,不似机械式那样生硬。一款好的键盘应该是弹性适中,按键无水平方向的晃动,按键弹起速度快,灵敏度高,那些号称静音键盘在按下与弹起应该是接近无声的。

2)键盘做工

做工质量也是选购键盘时主要考察的指标。做工的好坏直接影响到它的使用寿命与对手指所造成的伤害。选购键盘时,要注意观察键盘材料的质感,边缘有无毛刺、异常突起、粗糙不平,颜色是否均匀,键盘按钮是否整齐合理,是否有松动。键帽印刷是否清晰,好的键盘采用激光蚀刻键帽文字,这样的键盘文字清晰且不容易褪色。还要注意反面的底板材料及铭牌标识。某些优质键盘还采用排水槽技术来减少进水造成损害的可能。

3)接口类型

目前市场上键盘有 PS/2 接口,也有采用 USB 接口的。PS/2 接口的键盘比较普遍,主板上都有支持它的接口;USB 键盘越来越常用,它最大的优点就是即插即用,比较方便。

4)舒适度

键盘现在有带托盘和不带托盘的及人体工程学键盘,带托盘的键盘可以缓解腕部的疲劳,由微软公司发明的人体工程学键盘是把普通键盘分成两部分,并呈一定角度展开,以适应人手的角度,输入者不必弯曲手腕,另有一个手腕托盘,可以托住手腕,将其抬起,避免手腕上下弯曲。这种键盘主要适用那些需要大量进行键盘输入的用户,价格较高,且要求使用者采用正确的指法。托盘式键盘适合大量输入的用户;而人体工程学键盘虽说是未来的主流,但价格偏高。例如双飞燕、罗技等品牌,这些键盘除了具有良好的性价比外,还有舒适的操作性。

5)是否"锁键盘"

有些键盘在同时按下某些键时,某些其他键就失去了作用。对于需要用键盘玩游戏的用户造成极大的不便,在购买中应注意测试。

4. 键盘故障与维修

键盘在使用过程中,故障的表现形式是多种多样的,原因也是多方面的。有接触不良故障、有按键本身的机械故障,还有逻辑电路故障,如虚焊、假焊、脱焊和金属孔氧化等故障。维修时要根据不同的故障现象进行分析判断,找出产生故障原因,进行相应的修理。

1)按键不灵敏

键盘上一些键,如空格键、Enter 键不起作用,有时需按无数次才输入一个或两个字符,有的如光标键按下后不再起来,屏幕上光标连续移动,此时键盘其他字符不能输入,需再按一次才能弹起来。

这些故障就是所谓的键盘"卡键",发生在使用很久的旧键盘及个别刚用的新键盘上。出现键盘的卡键现象主要由以下两个原因造成的:一是键帽下面的插柱位置偏移,使得键帽按下后与键体外壳卡住不能弹起而造成了卡键,此原因多发生在新键盘或使用不久的键盘上;另外就是按键长久使用后,复位弹簧弹性变差,弹片与按杆摩擦力变大,不能使按键弹起而造成卡键,此种原因多发生在长久使用的键盘上。当键盘出现卡键故障时,可将键帽拔下,然后按动按杆,若按杆弹不起来,则是由第二种原因造成的。若是由于键帽与键体外壳卡住的原因造成"卡键"故障,则可在键帽与键体之间放一个垫片,该垫片可用稍硬一些的塑料做成,其大小等于或略大于键体尺寸,并且在按杆通过的位置开一个可使按杆自由通过的方孔,将其套在按杆上后,插上键帽;用此垫片阻止键帽与键体卡住,即可修复故障按键;若是由于弹簧疲劳,弹片阻力变大的原因造成卡键故障,这时可将键体打开,稍微拉伸复位弹簧使其恢复弹性;取下弹片将键体恢复。通过取下弹片,减少按杆弹起的阻力,从而使故障按键得到了恢复。

2)某些字符不能输入

若只有某一个键字符不能输入,则可能是该按键失效或焊点虚焊。检查时,按照上面叙述的方法打开键盘,用万用表电阻挡测量接点的通断状态。若键按下时始终不导通,则说明按键簧片疲劳或接触不良,需要修理或更换;若键按下时接点通断正常,说明可能是因虚焊、脱焊所致,可沿着印刷线路逐段测量,找出故障进行重焊;若因金属孔氧化而失效,可将氧化层清洗干净,然后重新焊牢;若金属孔完全脱落而造成断路时,可另加焊引线进行连接。

3)若有多个既不在同一列,也不在同一行的按键都不能输入

该故障可能是列线或行线某处断路,或是逻辑门电路产生故障。这时,可用 100MHz 的高频示波器进行检测,找出故障器件虚焊点,然后进行修复。

4)键盘输入与屏幕显示的字符不一致

此故障可能是由于电路板上产生短路现象造成的,其表现是按这一键却显示为同一列的其他字符,此时可用万用表或示波器进行测量,确定故障点后进行修复。

5)按下一个键产生一串多种字符,或按键时字符乱跳

这种现象是由逻辑电路故障造成的。先选中某一列字符,若是不含回车键的某行某列,有可能产生多个其他字符现象;若是含回车键的一列,将会产生字符乱跳且不能最后进入系统的现象,用示波器检查逻辑电路芯片,找出故障芯片后更换同型号的新芯片,排除故障。

8.3.2 鼠标

除了键盘之外,另一项最常用的输入设备就是鼠标,它能方便地将光标准确定位在屏幕的指定位置并完成各种操作。随着 Windows 操作系统的不断普及和升级,鼠标在某些方面甚至比键盘更重要,鼠标的单击与滑动,使复杂的计算机操作简单化,对计算机的普及至关重要。

1. 鼠标的分类

1)按照接口形式分类

接口类型是指鼠标与计算机主机之间相连接的接口方式,目前常见的鼠标接口有 PS/2 和 USB 两种类型。

PS/2 接口是目前常见的鼠标接口之一,是一种 6 针的圆形接口。这是鼠标和键盘的专用接口,鼠标使用其中的 4 针传输数据和供电,其余 2 针为空脚。

USB 接口是一种应用广泛的鼠标接口,目前许多新的鼠标产品都采用了 USB 接口,与 PS/2 接口相比,其优点是非常高的数据传输率,完全能够满足各种鼠标在刷新率和分辨率方面的要求,能够使各种中高档鼠标完全发挥其性能,而且支持热插拔。通常笔记本计算机上使用的是 USB 接口鼠标。

各种鼠标接口之间也能通过特定的转接头或转接线实现转换,如 USB 转 PS/2 转接头等。

2) 按键数分类

按键数是指鼠标按键的数量。按键是鼠标最基本的功能键,对 PC 平台而言,至少要有两个按键,鼠标才能正常使用。现在的按键数已经从两键、三键,发展到了四键五键乃至更多键,按键数越多所能实现的附加功能和扩展功能也就越多,能自己定义的按键数量也就越多,对用户而言使用也就越方便。目前主流的鼠标是三键,三键的鼠标中间有个滚轮,除了可以用于浏览页面时的翻页外,还可以单独定义按键的功能,如图 8.17 所示。

3) 按工作原理分类

图 8.17 带滚轮的三键鼠标

机械滚轮鼠标(半光电鼠标)是一种光电和机械相结合的鼠标。它的原理是紧贴着滚动橡胶球有两个互相垂直的传动轴,轴上有一个光栅轮,光栅轮的两边对应着发光二极管和光敏三极管。当鼠标移动时,橡胶球带动两个传动轴旋转,而这时光栅轮也在旋转,光敏三极管在接收发光二极管发出的光时被光栅轮间断地阻挡,从而产生脉冲信号,通过鼠标内部芯片处理后被 CPU 接收,信号的数量和频率对应着屏幕上的距离和速度。

轨迹球鼠标工作原理和内部结构其实与普通鼠标类似,只是改变了滚轮的运动方式,其球座固定不动,直接用手拨动轨迹球来控制鼠标箭头的移动。轨迹球外观新颖,可随意放置,习惯后手感也不错。即使在光电鼠标的冲击下,仍有许多设计人员更垂青于轨迹球鼠标的精准定位。

光电鼠标产品按照其年代和使用的技术可以分为两代产品,其共同的特点是没有机械鼠标必须使用的鼠标滚球。第一代光电鼠标由光断续器来判断信号,最显著特点就是需要使用一块特殊的反光板作为鼠标移动时的垫。目前市场上的光电鼠标产品都是第二代光电鼠标。第二代光电鼠标的原理其实很简单,使用光眼技术,这是一种数字光电技术,较之以往机械鼠标完全是一种全新的技术突破。第三代为激光鼠标,又称镭射鼠标,也可以说是一种特殊的光电鼠标,最大的不同就是把原来的红光 LED 换成激光镭射。

2. 新型鼠标

无线鼠标和 3D 振动鼠标都是比较新颖的鼠标。

(1)无线鼠标器是为了适应大屏幕显示器而生产的,如图 8.18 所示。所谓"无线",即没有电线连接,而是采用电池供电,无线技术进行遥控。通常分为鼠标

图 8.18 典型的无线鼠标

器和接收器两部分,接收器插在计算机 USB 接口上接收鼠标发送的请求,鼠标器还具有自动休眠功能,电池可用一年左右,接收范围在 1~2 米以内。

(2) 3D 振动鼠标是一种新型的鼠标器,它不仅可以当作普通的鼠标器使用,而且具有以下几个特点:

全方位立体控制能力。它具有前、后、左、右、上、下 6 个移动方向,而且可以组合出前右,左下等的移动方向;外形和普通鼠标不同。3D 振动鼠标由一个扇形的底座和一个能够活动的控制器构成,具有振动功能,即触觉回馈功能。当玩某些游戏,被对手击中时,会感觉到鼠标的振动。图 8.19 所示是一种 3D 振动鼠标。

3. 鼠标技术指标

1) 分辨率

分辨率指鼠标每移动 1 英寸,光标在屏幕上移动的像素距离,单位 DPI,分辨率越高鼠标所需的最小移动距离就越小,因此在大分辨率的显示器上分辨率就显得比较重要,市场上大多数鼠标是 800DPI 以上,甚至达到了 6000DPI。分辨率高表示光标在显示器的屏幕上移动定位校准。现在越来越多的图形软件和游戏软件要求鼠标有较高的分辨率。

图 8.19 3D 振动鼠标

2) 扫描频率

扫描频率是判断鼠标的重要参数,是指单位时间的扫描次数,单位为“次/秒”。每秒内扫描次数越多,可以比较的图像就越多,相对的定位精度就应该越高。

3) 灵敏度

鼠标的灵敏度是影响鼠标性能的重要因素,如鼠标的移动是否灵活自如,在各个方向是否匀速运动,按键是否灵敏且回弹快,是用户选择时的重要参数。

4) 抗震性

鼠标在日常使用中难免会磕磕碰碰,一摔就坏的鼠标自然是不受欢迎的。鼠标的抗震性主要取决于鼠标外壳的材料和内部元件的质量。要选择外壳材料比较厚实、内部元件质量好的鼠标。

5) 其他特性

其他特性是指该鼠标产品在使用方式、产品材料、产品表面与外形、功能键工作方式和类型方面的创新等特性。例如,耐磨烤漆,触控式滚轮,左右手均适用等。

4. 鼠标选购

1) 按需选购

选购鼠标除了关注了它的技术参数以及性能外,最重要的就是实际的手感。用户最好亲自体验一下鼠标在实际使用中的感觉,这样精挑细选的鼠标使用起来应该很得心应手。下面针对三类不用户的需求,指出选购中需要主要的事项。

大多数家庭用户对于鼠标的要求都不高,一般的二键或三键鼠标完全可以满足要求。如果仅作为家用、上网和简单的文字输入,那么一般中档鼠标比较适合。目前生产中档鼠标的厂家基本在国内。

办公用户的键盘鼠标使用率相对较高一些。由于办公用户的工作时间长,用户需要长时间的与计算机打交道,因此办公用户可以多考虑一些人体工程学设计的鼠标。采用了人体工程学设计的鼠标最大特点就是,手感舒服;移动灵敏;长时间使用手腕也不会觉得疲劳。

游戏用户应该是对鼠标要求最苛刻的。目前最流行的对战游戏中,按键的瞬间鼠标会产生一定距离的移动,这就造成了射击偏差。中高档光电鼠标就不存在这样的问题。另外需要说明一点的是,PS/2 接口鼠标的刷新率在运行游戏时往往无法稳定,导致移动速度偏慢,而 USB 接口则完全解决了这一问题。

2) 按品牌选购

应该选择名牌的产品,如罗技、双飞燕、雷柏和爱国者等公司的鼠标。这些公司生产的鼠标具有质量好、使用方便、分辨率高、软件丰富的优点,也有很多创新的设计,而且名牌产品大多都是一至三年的质保。适合对鼠标要求较高的人士选用,缺点当然就是价格比较贵。对于大众用户,可以从市场上大量的台湾或中国内地生产的鼠标中,挑选其中的精品来使用。一般著名厂商都有好的外层包装,尽管包装对于用户来说并不重要,然而,从包装上应该可以初步看到鼠标的真伪、好坏;也可以初步了解一下鼠标的性能。一般来说,良好的鼠标包装较为整齐,除标明生产厂商及其地址外,还标明生产序列号和核准的合格证。

3) 识别鼠标质量

首先,外观应该采用亚光的工艺制成,因为亚光的工艺难度大;其次,鼠标的铭牌是否经过质量认证等;最后,是流水序列号,正规厂家出产的鼠标都有不同的流水序列号等。

4) 驱动程序

驱动程序是支持鼠标的软件。软件的重要性不亚于鼠标的质量,好的鼠标附有足够的辅助软件,在功能上鼠标厂商所提供的驱动程序要大大优于操作系统所附带的通用驱动程序,还可以让用户重新定义每一个键的用途,这样可以充分发挥鼠标的作用。

5) 价格

在价格方面应该明确选购鼠标的用途。如果是一般家庭用户,对于品牌方面要求可以不高,选择鼠标的价格一般为 30～120 元便可,造型出众的鼠标价格不菲。造型的选择一般都因人而异,根据自己的感觉来选择即可。

总之,在注重实用性的同时,优异的质量水准、良好的手感、优美的外形、强大的驱动程序以及不错的售后服务等都是选购鼠标的重要参数。

5. 鼠标故障与维修

鼠标的故障分析与维修比较简单,大部分故障为接口或按键接触不良、断线、机械定位系统脏污。少数故障为鼠标内部元器件或电路虚焊,这主要存在于某些劣质产品中,其中尤以发光二极管、IC 电路损坏居多。

1) 找不到鼠标

原因有以下几种:鼠标彻底损坏,需要更换新鼠标;鼠标与主机连接 PS/2 口接触不良,仔细接好线后,重新启动即可;主板上 PS/2 口损坏,这种情况很少见,如果是这种情况,只好去更换一个主板或使用多功能卡上的串口;鼠标线路接触不良,这种情况是最常见的。接触不良的点多在鼠标内部的电线与电路板的连接处。故障只要不是在 PS/2 接头处,一般不难维修。通常是由于线路比较短,或比较杂乱而导致鼠标线被用力拉扯的原因,解决方法是将鼠标打开,再使用电烙铁将焊点焊好。还有一种情况就是鼠标线内部接触不良,是由于时间长而造成老化引起的,这种故障通常难以查找,这时只能更换鼠标了。

2）鼠标能显示,但无法移动

鼠标的灵活性下降,鼠标指针不像以前那样随心所欲,而是反应迟钝,定位不准确,或干脆不能移动。这种情况主要是因为鼠标里的机械定位滚动轴上积聚了过多污垢而导致传动失灵,造成滚动不灵活。维修的重点放在鼠标内部的 X 轴和 Y 轴的传动机构上。解决方法是,可以打开胶球锁片,将鼠标滚动球卸下来,用干净的布蘸上中性洗涤剂对胶球进行清洗,摩擦轴等可用采用酒精进行擦洗。最好在轴心处滴上几滴缝纫机油,但一定要仔细,不要流到摩擦面和码盘栅缝上了。将一切污垢清除后,鼠标的灵活性恢复如初。

3）鼠标按键失灵

鼠标按键无动作,这可能是因为鼠标按键和电路板上的微动开关距离太远或点击开关经过一段时间的使用而反弹能力下降。拆开鼠标,在鼠标按键的下面粘上一块厚度适中的塑料片,厚度要根据实际需要而确定,处理完毕后即可使用。

鼠标按键无法正常弹起,这可能是因为按键下方微动开关中的碗形接触片断裂引起的,尤其是塑料簧片长期使用后容易断裂。如果是三键鼠标,那么可以将中间的那一个键拆下来应急。如果是品质好的原装名牌鼠标,则拆开微动开关,细心清洗触点,上一些润滑脂后,装好即可使用

8.4 扫 描 仪

扫描仪是一种捕获图像的设备,并将图像转换为计算机可以识别、显示、编辑、储存和输出的数据格式。扫描仪可分为手持式扫描仪、小滚筒式扫描仪和平板式扫描仪,如图 8.20 所示。

1. 扫描仪工作原理

扫描仪主要由光学部分、机械传动部分和转换电路三部分组成。扫描仪的核心部分是光电转换部件。

自然界的每一种物体都会吸收特定的光波,而没被吸收的光波就会反射出去。扫描仪工作时,首先由光源将光线照在欲输入的图稿上,产生表示图像特征的反射光(反射稿)或透射光(透射稿),光学系统采集这些光线,将其聚焦在感光器件上,由感光器件将光信号转换为电信号,然

图 8.20 扫描仪

后由电路部分对这些信号进行 A/D(Analog/Digital)转换及处理,产生对应的数字信号输送给计算机。当机械传动机构在控制电路的控制下带动装有光学系统和感光扫描头与图稿进行相对运动,将图稿全部扫描一遍,一幅完整的图像就输入到计算机中。

在整个扫描仪获取图像的过程中,有两个元件起到关键作用:一个是光电器件,它将光信号转换成为电信号;另一个是 A/D 变换器,它将模拟电信号变为数字电信号。这两个元件的性能直接影响扫描仪的整体性能指标,同时也关系到扫描仪的选购和使用。

2. 扫描仪性能指标

1) 光学分辨率

分辨率是扫描仪最主要的技术指标,它表示扫描仪对图像细节上的表现能力,即决定了扫描仪所记录图像的细致度,其单位为 PPI(Pixels Per Inch)。通常用每英寸长度上扫描图像所含有像素点的个数来表示。大多数扫描的分辨率在 300~2400PPI 之间。PPI 数值越大,扫描的分辨率越高,扫描图像的品质越高,但这是有限度的。当分辨率大于某一特定值时,只会使图像文件增大而不易处理,并不能对图像质量产生显著的改善。对于丝网印刷应用而言,扫描到 600PPI 就已经足够了。

扫描分辨率一般有两种:真实分辨率(又称光学分辨率)和插值分辨率。光学分辨率就是扫描仪的实际分辨率,它决定了图像的清晰度和锐利度的关键性能指标。插值分辨率则是通过软件运算的方式来提高分辨率的数值,即用插值的方法将采样点周围遗失的信息填充进去,因此也被称作软件增强的分辨率。例如,扫描仪的光学分辨率为 300PPI,则可以通过软件插值运算法将图像提高到 600PPI,插值分辨率所获得的细部资料要少。尽管插值分辨率不如真实分辨率,但它却能大大降低扫描仪的价格,且对一些特定的工作(如扫描黑白图像或放大较小的原稿)时十分有用。

2) 色彩位数

色彩位数指扫描仪的色彩深度值,是表示扫描仪分辨彩色或灰度细腻程度的指标。色彩位数越高的扫描仪,扫描出的图像色彩越丰富,色彩位数用二进制位数表示,单位 b(位)。1b 只能表示黑白像素,1b($2^1=2$)只能表示两个值 0 和 1,它们分别代表黑与白;8b($2^8=256$)可以表示 256 个灰度级,反映了扫描时提供由暗到亮层次范围的能力也就是扫描仪从纯黑到纯白之间平滑过渡的能力;24b($2^{24}=16\ 777\ 216$)可以表示 16 777 216 种色彩,一般称 24b 以上的色彩为真彩色,色彩位数越多,颜色就越逼真。目前常见扫描仪色彩位数都在 24 位以上,42 位、48 位的已成为市场主流。

3) 感光元件

感光元件相当于扫描仪中的眼睛,用来拾取图像,其质量对扫描精度等方面有很大影响。目前扫描仪所使用的感光器件主要有 CCD(Charge Coupled Device,电荷耦合器件)、CIS(Contact Image Sensor,接触式图像传感器)和 CMOS(Complementary Metal Oxide Semiconductor,互补金属氧化物半导体)。CCD 感光元件的技术成熟,扫描仪失真度小,聚焦较长,景深好,能扫描凹凸不平的实物,即扫描效果好。其缺点是耗电量大,结构复杂,维护不易。CIS 扫描仪结构简单,图像不易失真,耗电量小。但焦距小,景深短,仅用于低档扫描仪,与 CCD 技术有一定的差距。CMOS 和 CCD 在制造上的主要区别是 CCD 是集成在半导体单晶材料上,而 CMOS 是集成在被称做金属氧化物的半导体材料上,工作原理没有本质的区别,CMOS 的制造成本和功耗都要低于 CCD 不少,但成像还原能力弱于 CCD。

4) 接口

扫描仪的接口对扫描速度的影响很大,通常有并口(EPP 接口)、USB 和 SCSI 接口三种。SCSI 接口的扫描仪扫描速度快,负载能力强,但是安装复杂且需要 SCSI 接口卡的支持,成本较高;EPP 接口的扫描仪兼容性好,易于安装,但速度慢;USB 接口的速度比 EPP 接口快,支持热插拔,目前的家用扫描仪以 USB 接口居多。

5）扫描幅面

扫描仪所能扫描的范围称扫描幅面，其大小很重要。通常有 A4、A4 加长、A3、A1 和 A0 等规格。

3. 扫描仪购买

在选购扫描仪时，技术指标是首要考虑的主要因素，然后再从以下几方面考虑。

不同的人有不同的使用要求，总体可分为两类：一类是普通用途使用，如家庭扫描照片、个人扫描图形文字等；另一类主要是对一些对图形图像有特殊要求的用户。一般来说，作为普通用途，选光学分辨率在 600×1200DPI、色彩位数为 36b、接口是 USB 接口、使用 CCD 感光元件的扫描仪。作为专业用途的扫描仪，如商用、广告及图像设计等，一般扫描仪分辨率需要在 600×1200DPI 以上，色彩位数达到 42b 或更高。

其次，要注意扫描仪的驱动软件是否配套。和打印机不同，扫描仪的配套软件对于扫描仪的性能起着至关重要的作用。功能强大的软件不但可以大幅度提高文字的识别率和图像的品质，而且还可以让扫描仪具有更加丰富的功能。因此用户在选购扫描仪时，一定要关心扫描仪附带软件的情况。

品牌也是选购扫描仪时应该考虑的问题。优秀品牌的扫描仪往往代表着优良的产品质量和完善的售后服务。目前在国内比较知名的扫描仪厂家有方正、Microtek、清华紫光以及 Acer 等，HP、AGFA 的扫描仪也很有名。

技术支持和售后的服务也是非常重要的。不同的厂商提供的技术支持和售后服务是不同的，如全国免费电话支持、保修期上门服务、指定的维修网点分布广泛等，用户应该仔细比较，让自己能够高枕无忧地使用产品。另外，还应注意扫描仪工作时的噪声大小、外观特点，还有一些附加值，如随机赠送的软件、公司开展的优惠活动等也都要考虑进去。

4. 扫描仪故障

检查扫描仪故障有多种方法：观察法用来判断故障产生的原因和确定有问题的部件，如扫描仪没有响应是否是电源线没有接好；也可以用测试法确定有问题的地方，如扫描一张图片，发现扫描的图像不够清晰；还可用筛选法，当用观察法发现可能引致故障有几个部件的时候，可以使用筛选法进一步确定故障部位。有时，多使用一些方法，便可以确定故障的源头，然后寻求解决的办法。通常情况有以下几种故障：

1）找不到扫描仪

这是最常见的故障。先用观察法看看扫描仪的电源及线路接口是否已经连接好，然后确认是否先开启扫描仪的电源，然后才启动计算机。如果不是，可以按 Windows"设备管理器"的"刷新"按钮，查看扫描仪是否有自检，绿色指示灯是否稳定地亮着，若是则可排除扫描仪本身故障的可能性。如果扫描仪的指示灯不停地闪烁，表明扫描仪状态不正常。可以通过重新安装最新的扫描仪驱动程序来解决。同时，还应检查"设备管理器"中扫描仪是否与其他设备冲突（IRQ 或 I/O 地址）。总之，这类故障一般是线路问题、驱动程序问题和端口冲突问题。

2）扫描仪没有准备就绪

打开扫描仪电源后，若发现 Ready（准备）灯不亮，则检查扫描仪内部灯管。若发现内部灯管亮，则可能与室温有关。解决的办法是让扫描仪通电半小时后关闭扫描仪，一分钟后再打开它，问题即可迎刃而解。在冬季气温较低时，最好在使用前先预热几分钟，这样就可避免开机后 Ready 灯不亮的现象。

3）扫描出来的画面颜色模糊

通过观察法看扫描仪的平板玻璃是否有污，如果是则将玻璃用干净的布或纸擦干净，不要用酒精之类的液体来擦，那样会使扫描出来的图像呈现彩虹色。如果不是，请检查扫描仪使用的分辨率，因为 300DPI 的扫描仪扫 1200DPI 以上的影像会比较模糊。因为相当于将一点放至四倍大。另外检查显示器设置是否为 16b 色或以上。如果是扫描一些印刷品，有一定的网纹造成的模糊是可以理解的，处理方法可以用扫描仪本身自带的软件，也可以用 Photoshop 等图像软件加以处理。

4）输出图像色彩不够艳丽

这也属于软件故障，可以先调节显示器的亮度、对比度和 Gamma 值。Gamma 值是人眼从暗色调到亮色调的一种感觉曲线。Gamma 值越高，感觉色彩的层次就越丰富。可以对 Gamma 值进行调整。在扫描仪自带的软件中，如果是普通用途，Gamma 值通常设为 1.4；若是用于印刷，则设为 1.8；网页上的照片则设为 2.2。另外，扫描仪在使用前应该进行色彩校正，否则极可能产生扫描的图像失真；还可以对扫描仪驱动程序对话框中的亮度/对比度选项进行具体调节。

扫描仪的问题通常出自扫描效果，这往往是软件故障，不同的扫描仪对这些软件故障有不同的解决办法，可以利用相关软件进行修正。硬件故障方面主要是接口、线路问题，只要大家连接好线路、设置好端口，用最新的驱动程序，这些问题应该是容易解决的。

8.5 数码相机和摄像头

8.5.1 数码相机

数码相机是一种光、电、机一体化产品，如图 8.21 所示。从外观上看，普通数码相机和光学相机中的傻瓜机差不多，有机身、镜头、取景器、快门、闪光灯等部件，但数码相机和光学相机有内在的不同。两者最大的区别是它们使用的感光与存储介质不同，传统相机使用胶卷，而数码相机使用光电耦合器，也就是 CCD 或 CMOS 作为感光器，用可擦写的电子存储介质来保存图像。

1. 技术指标

1）分辨率

分辨率的高低决定了数码相机的图像质量高低。分辨率越高，图像越清晰。但是生成的数据文件越大，加工处理时对计算机的速度、内存和硬盘的容量以及相应软件的要求就越高，目前市场上的数码相机像素在 1500 万像素以上，高端相机在 2400 万像素以上。

2）存储卡

数码相机存储卡分为内置存储和可移动式存储卡体。内置存储卡是与数码相机固化在一起，采用这种媒体的优点是有了数码相机就可拍摄，而不需要另配

图 8.21 数码相机

存储媒体,不足之处是一旦内置存储卡储满后,须首先将其中的照片输入计算机以释放媒体空间,然后才能继续拍摄。可移动式存储卡是随时可装入数码相机或从中取出的存储卡,存储满后,可随时更换。可移动存储卡的市场有很多种,如 CF、MS、MMC、SD、XD 等。大部分的数码相机都用 SD 卡,因为它价格便宜。

3) 感光度

感光度是感光材料、感光速度和感光灵敏度的度量方式,单位是 ISO。感光度在光学相机上的概念是 ISO 值越低影像分辨率就越高,摄影中称 ISO 在 60~80 的胶卷属于微粒胶片,影像表现非常细腻。数码相机的感光度 ISO 同光学相机的感光度是一样的。在用感光度有一定范围的数码相机拍摄时,一般应该将其处于低感光度数值下,只是在禁止闪光拍摄的弱光条件下,或用非常高的快门速度捕捉高速运动物体时,才将其置于高感光度下拍摄。高感光度适合体育、赛车、夜间以及昏暗光线下拍摄。目前数码相机感光度分布在中、高速的范围,最低为 ISO50,最高的为 ISO6400,多数数码相机在 ISO100 左右。

4) 连接接口

大多数相机使用串行接口与计算机连接,不过这种连接方式传输数据比较慢。另外一些厂商提供 IrDA 连接方式,使用红外线传输数据,但要求计算机必须配有这个功能,许多笔记本计算机上有,而台式计算机上却很少有。其他一些厂商提供 IEEE1394 或 USB 连接方式,这两种的下载速度都很快。其中 IEEE1394 主要用在专业机型上,但计算机上必须要有 IEEE1394 的接口;USB 的应用比较普遍,而且现在一般的计算机主板上都有 USB 插槽,是目前最理想的连接方式。

5) 色彩深度

与打印机中的色彩位数是相同的概念,用来表示数码相机的色彩位数分辨能力,通常有 24b 色彩即可。如用于广告设计等方面,则至少应达到 30b 或 36b。

2. 数码相机的选购

在购买数码相机时除了注意以上几个技术指标外,还应考虑以下方面。

1) 电池及耗电量

现在数码相机的电池主要分 AA 电和锂电两类,它们各有所长,AA 电在拍摄中更换方便,容易购买,但使用没有锂电长,通常拍 200 张相片左右;锂电在买机时有原装标配,使用通常比 AA 长,但在外使用更换困难;用 AA 电池的数码相机比用锂电的数码相机要重。

2) 品牌与服务

不同品牌的数码相机有不同的特点,用户可根据自己所需来选择。下面是市场上常见的品牌数码相机:

(1) 佳能(Canon):老牌光学相机厂家,镜头出色,图像处理芯片技术领先,功能设计合理,性能均衡,质量可靠,造型设计尚可。

(2) 卡西欧(Casio):相机启动速度业界第一,造型有特色,适合抓拍。

(3) 尼康(Nikon):同为老牌光学相机厂家,镜头出色,功能设计合理,性能较均衡,质量可靠,造型设计乏善可陈。

(4) 索尼(Sony):依靠强大的电子设计能力,在功能设计、性能和质量上均有待提高,造型设计无与伦比。

(5) 柯尼卡(Konica)、美能达(Minolta):亦是老牌光学相机厂家,快速对焦能力天下无敌,镜头较出色,不够人性化,制造质量一般,造型设计有特点,价格适中。

(6) 奥林巴斯(Olympus):老牌光学相机厂家,镜头出色,性能均衡,质量可靠,造型设计有自己的独特风格,价格较高。

(7) 富士(Fujifilm):老牌光学相机厂家,镜头尚可,性能均衡,质量可靠,造型设计中庸。

(8) 宾得(Pentax):光学业巨头,镜头出色,性能均衡,质量可靠,造型设计较好,但品种较少,维修有一定麻烦。

(9) 柯达(Kodak):成像效果一般,价格较便宜,适用于大众用户。

(10) 三星(Samsung):各项性能一般,价格便宜,适用于大众用户。

(11) 联想等国内品牌:价格低廉,适用于中低档次用户。

除此之外,还应该关心每一款数码相机的技术支持和售后服务方面的能力,防止出现故障不能得到解决。

8.5.2 摄像头

1. 摄像头分类

摄像头基本有两种:一种是数字摄像头可以独立与计算机配合使用;另一种是模拟摄像头要配合视频捕捉卡一起使用,如图 8.22 所示。

2. 摄像头的选购

摄像头购买应主要注意以下几个技术指标。

1) CCD 和 CMOS

图 8.22 摄像头

常说的数码摄像头传感器相当于传统相机的胶片,传感器是数码摄像头的核心,也是最关键的技术,它是一种用来接收通过镜头的光线并且将这些光信号转换成为电信号的装置。目前,数码摄像头的核心成像部件有两种:一种是 CCD(电荷耦合)元件;另一种是 CMOS(互补金属氧化物导体)器件。

CCD(Charge-coupled Device,电荷耦合元件)作为一种集成电路,它有许多排列整齐的电容,能感应光线,并将影像转变成数字信号,经由外部电路的控制,每个小电容能将其所带的电荷转给它相邻的电容。CCD 广泛应用在数码摄影、天文学,尤其是光学遥测技术、光学与频谱望远镜和高速摄影技术。

CMOS(Complementary Metal Oxide Semiconductor,互补金属氧化物半导体)是一种大规模应用于集成电路芯片制造的原料。采用 CMOS 技术可以将成对的金属氧化物半导体场效应晶体管(MOSFET)集成在一块硅片上。该技术通常用于生产 RAM 和交换应用系统,在计算机领域里通常指保存计算机基本启动信息(如日期、时间、启动设置等)的RAM 芯片。

近几年来,CMOS 制造工艺也被应用于制作数码影像器材的感光元件,尤其是规格较大的单眼数码相机。虽然在用途上与过去 CMOS 电路主要作为固件或计算工具的用途非常不同,但基本上它仍然是采取 CMOS 的工艺,只是将纯粹逻辑运算的功能转变成接收外界光线后转化为电能,再透过芯片上的数码—类比转换器(ADC)将获得的影像信号转变为数码信号输出。

2）像素

影像传感器上有许多感光单元，它们可以将光线转换成电荷，从而形成对应于景物的电子图像。在传感器中，每一个感光单元对应一个像素（Pixels），像素越多，代表着它能够感测更多的物体细节，从而图像就越清晰。要提高图像的清晰度，除了在影像处理方面做出提高以外，增加传感器的感光单元的数量即提高传感器像素也是一个主要的办法。现在市面上的摄像像素可达千万级别以上。

3）接口方式

接口方式指数码摄像头和计算机之间连接时的端口，目前市面上所有的数码摄像头均为 USB 接口。

4）最大帧数

帧数就是在 1 秒钟时间里传输的图片数，也可以理解为图形处理器每秒钟能够刷新的次数，通常用 FPS（Frames Per Second）表示。每一帧都是一张静止的图像，快速连续地显示帧便形成了运动的视频。高的帧率可以得到更流畅、更逼真的画面。每秒钟帧数越多，所显示的画面就会越流畅。

8.6　网　　卡

网卡也称 NIC（Network Interface Card，网络接口卡）或网络适配器，如图 8.23 所示。它是插在个人计算机或服务器扩展槽内的扩展卡。计算机通过网卡与其他的计算机交换数据，共享资源。组建局域网时，必须使用网卡，网卡通过网络传输介质与网络相连。网卡的工作原理是将计算机发送到网络的数据组装成适当大小的数据包，然后再发送，或把经网络接收的数据包组合后上传给计算机。

1. 网卡简介

按传输速率网卡可以分为 100Mb/s、1Gb/s、10Gb/s，按主板插口类型可分为 PCI、PCI-X、PCI-E（x1/x4/x8/x16）等，按接口类型分为 LC、SC、FC、ST 等。

通常，笔记本计算机中有两类网卡，有线网卡和无线网卡。有线网卡顾名思义是依赖网络电缆来完成网络功能。无线网卡可以摆脱线缆的束缚进行工作，其工作原理是通过微波射频技术（WiFi、GPRS、CDMA 等无线数据传输模式）来上网，按照

图 8.23　网卡

IEEE802.11 协议来完成网络功能。台式机一般不具备无线网卡，无法完成无线上网的功能，不过可以通过配置外接无线网卡的方式来实现台式机的无线上网功能。目前市场上有多种外置无线网卡，还有各种随身 WiFi 产品，均可以实现无线上网的功能。

2. 网卡的选购

生产网卡的厂家有 TP-Link、D-Link、华为、中兴等企业。

（1）网卡的速度是描述网卡接收和发送数据的快慢程度，每秒 100Mb 的网卡价格较低，只能满足普通小型共享局域网传输数据的要求，考虑性能价格比的用户可以选择每秒

100Mb 的网卡。在传输频带较宽的信号或交换式局域网中,应选用速度较快的百兆/千兆自适应网卡。

(2) 接口的选购与网络布线形式有关。在小型共享式局域网中,BNC 口网卡通过同轴电缆直接与其他计算机和服务器相连,而 RJ-45 口网卡通过双绞线连接交换器或路由器,然后连接其他计算机和服务器。"二合一卡"或"三合一卡"具有多种接头,可以连接两种或两种以上的缆线。

(3) 网卡的兼容产品很多,如果做实验性的尝试,可以选购兼容产品。如果实际组网,可以购买名牌产品。

(4) 由于当前网卡的总线接口主要是 PCI/USB 系列,所以应选购 PCI/USB 系列接口的网卡。

(5) 为了适应不同类型的网线,应当选择 100/1000Mb 自适应网卡,这样可以使用同轴电缆或双绞线,既可在总线型网络中适用,也可在星型网络中使用。

思 考 题

1. 理解机箱、电源的作用。
2. 简述 UPS 电源的技术参数。
3. 到市场上了解当前主流的机箱电源价格和技术参数情况。
4. 简述键盘、鼠标的工作原理。
5. 声卡的结构由哪几部分组成? 它们的功能是什么?
6. 简述有源音箱和无源音箱的特点。
7. 简述扫描仪、数码相机、摄像头的主要技术参数。

第9章　微型计算机组装

【教学目标】
(1) 了解微型计算机组装的步骤。
(2) 掌握微型计算机组装的过程。
(3) 掌握 CMOS 参数的设置方法。

【主要教学内容】
(1) 微型计算机组装的步骤和基础知识。
(2) 微型计算机组装的过程。
(3) CMOS 设置参数的方法

9.1　组装计算机的过程与步骤

自己动手组装一台完整的计算机也称攒机(Do It Yourself,DIY)。与直接购买品牌机相比,通过攒机可以完全按照自己的需求来组装一台实用、稳定、性价比高的计算机。

9.1.1　组装计算机的过程

安装一台计算机是一个完整的过程,通常可以参考如图 9.1 所示的流程进行。

9.1.2　组装计算机的步骤

在装机之前应该备齐所有工具和配件,主要的配件有机箱、电源、主板、CPU、内存、显卡、硬盘、光驱、声卡、网卡、键盘、鼠标、显示器、各种数据线、电源线、各种螺丝等。另外,在动手装机之前应该防静电,身上的静电如果不注意极有可能会对计算机的硬件造成损坏。装机前洗洗手可以有效防止静电。

组装计算机时,应按照下述的步骤有条不紊地进行:
(1) 机箱的安装。主要是对机箱进行拆封,并且将电源安装在机箱里。
(2) 主板的安装。将主板安装在机箱一定位置,连接主板电源。
(3) CPU 的安装。在主板处理器插座上插入安装所需的 CPU,并且安装上散热风扇。
(4) 内存条的安装。将内存条插入主板内存插槽中。
(5) 显卡的安装。根据显卡总线选择合适的插槽。
(6) 声卡的安装。现在市场主流声卡多为 PCI 插槽的声卡。
(7) 驱动器的安装。主要针对硬盘、光驱进行安装。
(8) 机箱与主板间的连线。即各种指示灯、电源开关线。PC 喇叭的连接,以及硬盘、光

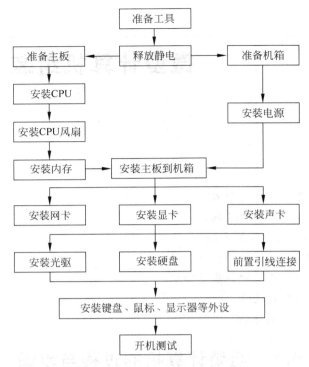

图 9.1　计算机组装流程

驱电源线和数据线的连接。

(9) 安装机箱盖(理论上在安装完主机后,是可以安装机箱盖了,但为了此后出问题的检查,最好先不安装,而等系统调试完毕后再安装)。

(10) 输入输出设备的安装。即鼠标、键盘和显示器等外设的安装。

(11) 重新检查各个接线,准备进行测试。

(12) 给机器加电,若显示器能够正常显示,表明初装已经正确,此时进入 BIOS 进行系统初始设置。

(13) 进行了上述的步骤,一般硬件的安装就已基本完成了,但要使计算机运行起来,还需要进行硬盘分区和硬盘格式化、安装 Windows 操作系统、安装操作系统后,安装驱动程序,如显卡、声卡等驱动程序。

(14) 进行 72 小时不间断运行,如果硬件有问题,在 72 小时的运行中会被发现。

9.2　安装计算机

9.2.1　安装 CPU

现在市场上 CPU 主要有 Intel 和 AMD 两种品牌,分别对应不同的插座,两种品牌 CPU 插座如图 9.2 和图 9.3 所示。

安装时注意仔细观察 CPU 四边的缺口,使其和插座相对应,然后正面朝上放置下去就可以了,如图 9.4 和图 9.5 所示。

图 9.2 Intel CPU 插槽

图 9.3 AMD CPU 插槽

图 9.4 CPU 上的设计

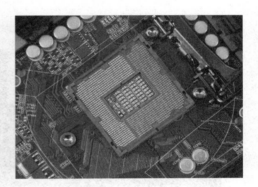

图 9.5 CPU 按照缺口安装

　　把各种 CPU 安装在相对应主板的 CPU 插槽上的方法是类似的：打开底座，取出保护盖，对好 CPU 的凹位放下 CPU，确保没有突起部分就是对好位置了，然后盖上铁盖，用力压下铁杆到位。

9.2.2 安装散热器

　　为了能使计算机内部元件能在正常温度下工作，散热器的安装是十分重要的。下面以九州风神玄冰 400 散热器（如图 9.6 所示）的安装为例进行图解说明。

　　散热风扇与散热器的连接按照说明书进行即可，这里主要展示散热器的安装。安装方法，如图 9.7 和图 9.8 所示

　　需要说明的是，CPU 与散热器之间需要涂一层硅胶作为导热介质，它同时对 CPU 起保护作用。目前，散热器底部铜片上会有一层灰色的膏状物，这是散热器自带的硅胶层，因此在安装散热器时一般不需要额外在 CPU 表面涂抹硅胶，不过对于一些散装的散热器，如果没有带硅胶层，则安装时需要在 CPU 表面涂抹硅胶。

　　固定好散热器之后需要为散热器接上供电线，散热器供电线直接找主板上标有 CPU_FAN 的插座插上去即可，

图 9.6 九州风神玄冰 400 散热器

123

第 9 章

微型计算机组装

如图9.9所示。现在大部分散热器是4PIN接口,兼容3PIN散热器。

连接散热器的螺丝孔

图9.7　散热器的安装1

图9.8　散热器的安装2

CPU风扇插头

图9.9　主板上散热器供电插座

9.2.3　安装内存条

内存条的安装很容易,对准内存与内存插槽上的卡口,分别左/右用力按下,听到"啪"的一小声,左/右卡位会自动扣上,然后再用同样方法压好另一边即可。已经安装好的内存条如图9.10所示。

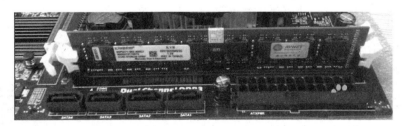

图9.10　安装好的内存条

需要注意的是,内存条一定要符合主板支持的内存标准,DDR3的主板就只能使用DDR3的内存。

9.2.4　安装硬盘和光驱

在安装好CPU、内存条之后,需要将硬盘固定在机箱的3.5英寸硬盘托架上。对于普通的机箱,只需要将硬盘放入机箱的硬盘托架上,拧紧螺丝使其固定即可。

首先,机箱中有固定 3.5 英寸托架的扳手,拉动此扳手即可固定或取下 3.5 英寸硬盘托架,如图 9.11 所示。

图 9.11　拉动扳手去除硬盘托架

其次,将硬盘用螺丝固定在硬盘托架上,如图 9.12 所示。

最后,将硬盘托架固定在机箱上即可,如图 9.13 所示。

图 9.12　固定硬盘到托架上

图 9.13　固定硬盘托架到机箱上

至此,硬盘的固定就完成了。

光驱的安装也比较简单,将光驱从机箱前面板推入相应槽位即可。

9.2.5　安装主板和电源

安装主板有一定技巧,首先要对好主板和机箱的螺丝位,然后在机箱相应的螺丝位上安装铜柱或脚钉,如图 9.14 所示。一般是 6 或 9 个,主板全部螺丝位要全部安装螺丝以更好固定。

其次,安装主板配件附送的挡板,主板与挡板的孔一一对应卡好,如图 9.15 所示。

最后放上主板后拧上螺丝即可,如图 9.16 所示。

安装电源。机箱中放置电源的位置通常位于机箱尾部的上端。电源末端 4 个角上各有一个螺丝孔,它们通常呈梯形排列,所以安装时要注意方向性,如果装反了就不能固定螺丝。可先将电源放置在电源托架上,并将 4 个螺丝孔对齐,然后再拧上螺丝,如图 9.17 所示。

图 9.14　安装机箱上的螺丝位

图 9.15　主板与挡板的孔对应卡好

图 9.16　主板固定到机箱上

图 9.17　机箱电源的安装

9.2.6　安装显卡

这里以独立显卡的安装为例。

首先拆开机箱显卡位的螺丝和挡板,如图 9.18 和图 9.19 所示。

图 9.18　未拆开显卡位置的挡板

图 9.19　拆开显卡位置的挡板

其次,将显卡与主板上的显卡插槽,如图 9.20 所示。对齐插紧并接上供电线,如图 9.21～图 9.23 所示。

最后,将显卡和挡板固定即可,如图 9.24 所示。

至此,显卡的安装就完成了,声卡、网卡的安装与之相似,在此不再赘述。

图 9.20　主板上的显卡插槽

图 9.21　安装好的显卡和显卡供电插头

图 9.22　将供电插头插在显卡上

图 9.23　显卡向外部提供的接口

图 9.24　固定显卡和挡板

9.2.7　主板接线

　　接在主板上的电源一般有两种线,24PIN 总电源与 8PIN/4PIN 的 CPU 辅助供电,对准卡位插上即可。稍有难度的是 CPU 辅助供电部分,会有两种特殊情况。如图 9.25 所示,辅助电源插头为 4PIN。

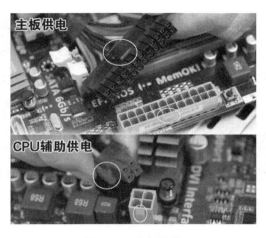

图 9.25　主板接线

9.2.8　机箱接线

安装几个大部件后,需要进行机箱接线,将信号线插在正确位置上,接信号线是比较难的部分,也是非常重要的一步。信号线的种类,如图 9.26 所示。

(1)首先连接前置 USB 接口与前置音频接口,以往的机箱两这部分接口没有做到一体化设计,安装难度也大。不过近几年大部分机箱已采用一体化设计,只要对准预留位置的缺口即可,如图 9.27 所示。

图 9.26　常见信号线种类

图 9.27　连接前置音频线

(2)连接前置 USB 接口线与连接音频线类似,看准预留缺口插入即可,如图 9.28 所示。

图 9.28　USB 接口的连接

（3）然后就是硬盘灯、电源灯、开关、重启和 PC 喇叭这 5 根连线了，最简单的方法是查找主板说明书，找到相应的位置，对着接线。记住一个最重要的规律，彩色是正极、黑/白是负极，如图 9.29 所示。

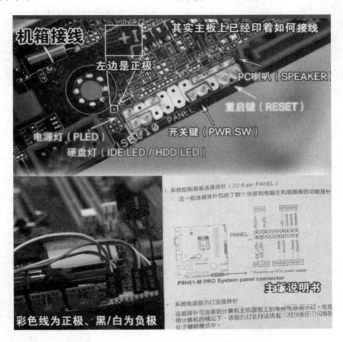

图 9.29　按照主板说明书连接信号线

（4）通常，主板设计很人性化，上面的标识很清楚，结合说明书和主板上的标识，信号线的连接相对变得简单，如图 9.30 所示。

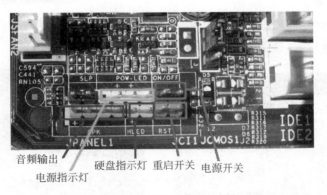

图 9.30　根据主板上的标识连接信号线

（5）按照说明书连接信号线后，接下来进行硬盘线和光驱线的连接。硬盘和光驱基本都是 SATA 接口，接上 SATA 电源线（5PIN 扁口线）和数据线即可。图 9.31 所示是硬盘电源线和数据线的连接，彩色线是电源线，右边的是数据线。

（6）如果计算机配置的是中高端独立显卡，还需要接上 6PIN 或 8PIN 辅助供电的插头，如图 9.32 所示。一些高端独立显卡，还要连接多个辅助供电插头。

微型计算机组装

图 9.31　硬盘数据线和电源线的连接　　　　图 9.32　显卡辅助供电接口

9.2.9　走背线

计算机各个部件安装完毕后,机箱内会有很多线,如果不对这些线进行整理,则会给以后的使用和维护带来很大的麻烦,对计算机内部各种线的整理,称为走背线。

首先,前置的音频线、USB线、开关线等全部从靠近的背线孔位穿过,再从适当的位置穿进,如图 9.33 所示。

其次,主板供电线、显卡供电线和 CPU 供电线也从背面穿过,如果有光驱也要选择一根较长的电源线走好背线,如图 9.34 和图 9.35 所示。

CPU 供电线布置在主板下面,一定要在主板安装前把这根线部署好,如图 9.36 所示。

至此,计算机组装完毕,如图 9.37 所示。现在连接显示器、鼠标、键盘等外设,就可以开机了。

硬件安装完成以后,接下来就可以开机测试了。

图 9.33　信号线的整理方式

图 9.34　主板供电线、显卡供电线和
CPU 供电线的部署

图 9.35　主板供电线部署

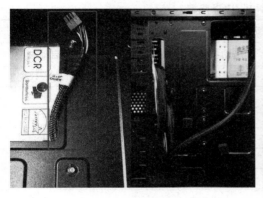

图 9.36　CPU 供电线的部署　　　　　图 9.37　组装好的计算机主机

9.3　CMOS 设置

BIOS(Basic Input Output System)是一种程序,在出厂时厂家将这种程序写入一块 ROM 芯片中,通常叫 BIOS 芯片。

CMOS(互补金属氧化物半导体)是一块可读写的 RAM 芯片,用来保存当前系统的硬件配置和用户对某些参数的设定。

BIOS 和 CMOS 既相关但又有不同:BIOS 中的系统设置程序用来完成参数设置;CMOS RAM 则是设置的系统参数存放的场所。由于它们都跟系统设置密切相关,故有 BIOS 设置和 CMOS 设置的说法,完整的说法应该是通过 BIOS 设置程序对 CMOS 参数进行设置。

9.3.1　进入 BIOS 设置的方法

计算机在开机自检时会进入 Logo 显示画面,此时在屏幕下方出现一行英文,在这行英文中通常显示有进入 BIOS 的快捷键。不同品牌的计算机主板,进入 BIOS 的快捷键各有差异,表 9.1 中列出了常见型号计算机进入 BIOS 的方法。

9.3.2　BIOS 实用设置

已经组装好的计算机主板的 BIOS 是不用设置的,可以直接分区和安装系统,在安装系统时可以利用系统安装程序完成一些 BIOS 设置,如时间、日期、区域、语言和键盘鼠标等。可以通过设置 BIOS 来完成一些实用的功能。

1. 睿频和超线程技术的开启和关闭

对于采用 Intel 平台酷睿 i 系列的用户,主板中还有针对处理器功能的参数可以调节,其中最重要的就是睿频加速和超线程功能。

睿频加速:处理器应对复杂应用时,可自动提高运行主频以提速,轻松进行对性能要求高的多任务处理。整个过程无须人为操作,相当于 CPU 可以根据负载情况自行超频,最高可以提高 20% 的运算性能。

微型计算机组装

表 9.1　常见计算机 BIOS 热键

组装机主板		品牌笔记本		品牌台式机	
主板品牌	启动按键	笔记本品牌	启动按键	台式机品牌	启动按键
华硕	F8	联想	F12	联想	F12
技嘉	F12	宏基	F12	惠普	F12
微星	F11	华硕	Esc	宏基	F12
映泰	F9	惠普	F9	戴尔	Esc
梅捷	Esc 或 F12	联想 Thinkpad	F12	神舟	F12
七彩虹	Esc 或 F11	戴尔	F12	华硕	F8
华擎	F11	神舟	F12	方正	F12
斯巴达卡	Esc	东芝	F12	清华同方	F12
昂达	F11	三星	F12	海尔	F12
双敏	Esc	IBM	F12	明基	F8
翔升	F10	富士通	F12		
精英	Esc 或 F11	海尔	F12		
冠盟	F11 或 F12	方正	F12		
富士康	Esc 或 F12	清华同方	F12		
顶星	F11 或 F12	微星	F11		
铭瑄	Esc	明基	F9		
盈通	F8	技嘉	F12		
捷波	Esc	Gateway	F12		
Intel	F12	eMachines	F12		
杰微	Esc 或 F8	索尼	Esc		
致铭	F12	苹果	长按 Option 键		
磐英	Esc				
磐正	Esc				
冠铭	F9				

　　超线程技术：超线程技术就是利用特殊的硬件指令,把两个逻辑内核模拟成两个物理芯片,让单个处理器都能使用线程级并行计算,进而兼容多线程操作系统和软件,减少 CPU 的闲置时间,提高 CPU 的运行效率。对于经常进行图片、视频处理工作的用户来说,超线程技术的作用还是很明显的。

　　要打开或关闭睿频和超线程就需要在 BIOS 中设置,下面以技嘉主板 BIOS 为例介绍。

　　在 BIOS 列表中,先找到 CPU 频率设置(Advanced Frequence Sitting),在里面能看到有一项为"高级 CPU 核心功能设定",如图 9.38 所示。

　　单击进入后能看到许多选项,其中主要需要调节的包括睿频(Intel Turbo Boost 技术)开关、超线程(Hyper-Threading 技术)开关,只要选中将其开启即可,如图 9.39 和图 9.40 所示。

　　开启睿频和超线程后,会增加计算机的功耗,相应的热量也增加了。

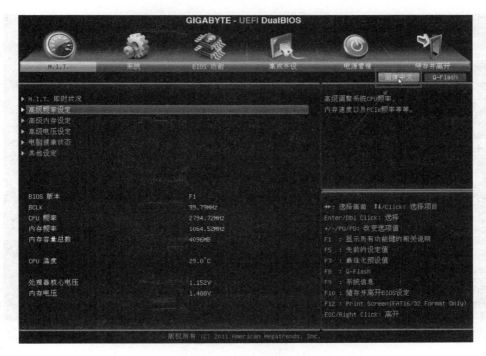

图 9.38　技嘉主板 BIOS 设置界面

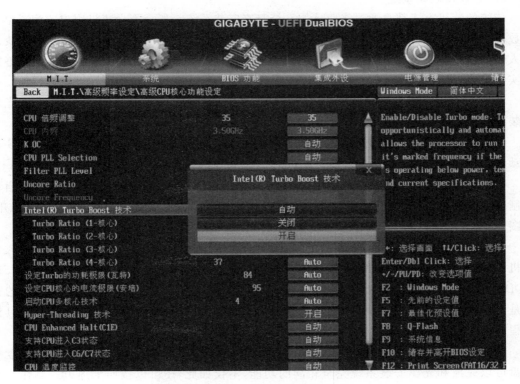

图 9.39　睿频加速设置

微型计算机组装

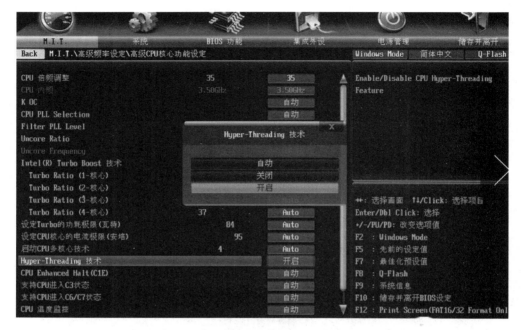

图 9.40　超线程设置

2. 用 U 盘启动系统

传统的装机方式都是通过光驱读取系统盘来安装系统。如今不少装机用户的配置单中都放弃了光驱设备,毕竟当下 U 盘、移动硬盘、各类储存卡已经普遍应用,光驱便逐渐淡出了人们的视野。不过这也随之带来一个问题,那就是没有了光驱用什么来装系统呢?答案其实很简单,最常用的 U 盘可作为媒介进行系统安装。

利用 U 盘还可以实现系统维护、一键装机、一键备份和一键还原等实用功能,它比光驱安装系统提供了更加强大的功能。

既然是用 U 盘装系统,首先要用 U 盘制作一个系统盘,这里提供两种方法来制作 U 盘启动盘,当然制作 U 盘启动盘之前先要对 U 盘上其他重要数据进行备份。

(1)利用 UtralISO 工具制作启动盘,用原始方法安装系统。下面以 Windows 7 的启动盘制作为例介绍。只需将下载的系统光盘镜像(windows7.iso 文件),并用 UtralISO 打开,如图 9.41 所示。

打开镜像后,选择“启动菜单”中的“写入硬盘映像”选项。如果这时已经将 U 盘接入计算机,那么硬盘驱动器中将默认显示 U 盘设备。在写入方式中,选择兼容性很好的 USB-UDD＋模式就可以了。因为写入镜像需要将 U 盘完全格式化,所以还要检查 U 盘中的数据是否需要备份,准备完成后单击“写入”按钮,几分钟后 U 盘系统盘就制作完成了。具体过程如图 9.42 所示。

这样,一个完整的 Windows 7 的 U 盘启动盘就做好了。利用这种方法制作的 U 盘启动盘可以完成和光驱安装系统完全相同的功能,不仅如此,还可以按照上述方式制作一个 Linux 的启动盘(只需要更换 Linux 系统镜像即可,其余步骤类似),用于安装 Linux 系统。

(2)利用工具将 Win-PE 装在 U 盘上,进入 Win-PE 环境完成计算机系统的安装。

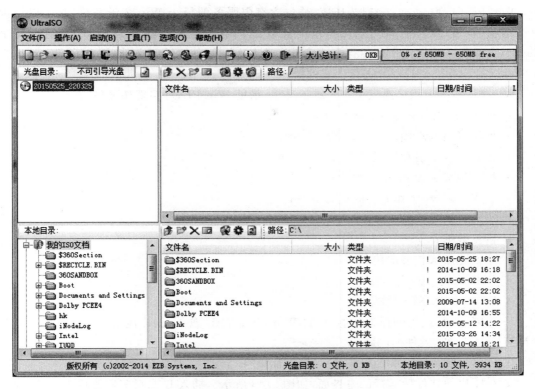

图 9.41　利用 UtalISO 将 Windows 7 镜像文件展开

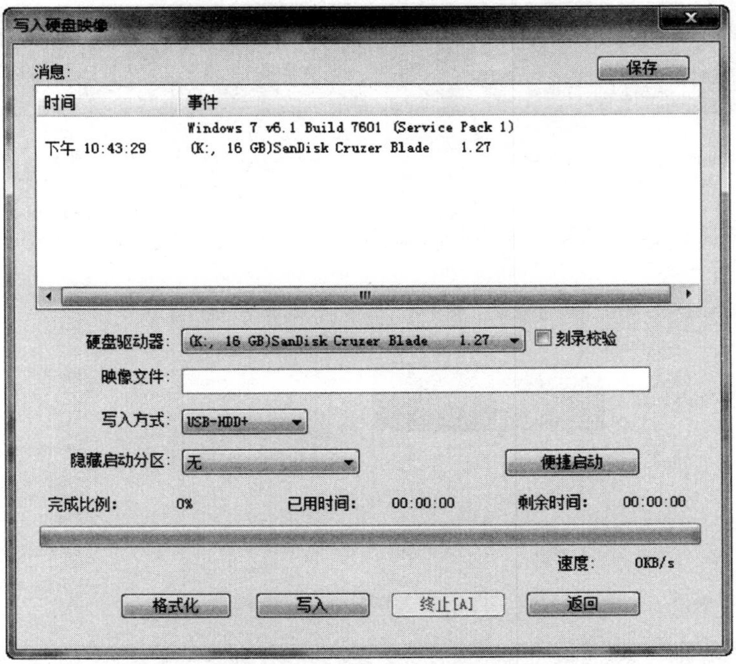

图 9.42　制作 U 盘启动盘

微型计算机组装

Win-PE 即 Windows 预安装环境,是包含有限服务的最小 Win32 子系统,基于以保护模式运行的 Windows XP Professional 及以上内核,实际上就是运行在内存的最小 Windows 操作系统。由于其运行在内存中,不涉及硬盘中的任何文件,因此在 Win-PE 系统中可以对计算机中的资源进行任意的操作。

Win-PE 系统为用户提供了一个维护环境,借助 Win-PE,可实现如下功能。

- 在 Windows 安装前对磁盘分区;
- 使用网络或本地磁盘安装 Windows;
- 进行系统备份和还原;
- 捕获和部署 Windows 映像;
- 当 Windows 工作异常时进行修改;
- 启动自恢复工具;
- 恢复数据;
- 个性化新增扩展应用;
- GUI 功能;
- Win-PE 命令行操作。

基于 Win-PE 提供的强大功能,可将 Win-PE 装在 U 盘上,制作成启动盘。这样可以解决计算机大部分非硬件的问题。

在 U 盘上制作 Win-PE 有多种工具,下面以"U 启动"工具软件为例介绍。

安装 U 启动软件后运行的主界面,如图 9.43 所示。插入 U 盘后只需要单击"一键制作 U 盘"即可。利用"U 启动"制作的 Win-PE 提供了一系列工具,如图 9.44 所示。

图 9.43　U 启动界面

图 9.44　Win-PE 提供的工具

制作好 U 盘启动盘后最重要的就是对 BIOS 进行设置。利用 U 盘安装系统就必须首先在 BIOS 中进行相应设置,主要改动的是"系统启动项",将系统首选启动项改为 USB 设备。以技嘉主板的 BIOS 设置为例,设置"启动优先权",如图 9.45 所示。

图 9.45　设置启动项

微型计算机组装

然后将 U 盘启动盘插入计算机 USB 接口上,重启计算机,如果写入 U 盘的是系统镜像则可进入系统安装界面;如果写入 U 盘的是 Win-PE 则进入 Win-PE 操作系统。

9.4　硬盘分区与格式化

分区从实质上说就是对硬盘的一种格式化。创建分区时,就已经设置硬盘的各项物理参数,指定了硬盘主引导记录(Master Boot Record,MBR)和引导记录备份的存放位置。对于文件系统以及其他操作系统管理硬盘所需要的信息,则通过之后的高级格式化(Format命令)实现。用一个形象的比喻,分区就像在一张白纸上画一个大方框,而格式化就像在方框里打上格子,安装各种软件就像在格子里写字,可以看出,分区和格式化就相当于为安装软件打基础,实际上它们为计算机在硬盘上存储数据起到定位的作用。

9.4.1　分区的基本知识

1. 主分区、扩展分区、逻辑分区

一个硬盘的主分区也就是包含操作系统启动所必需的文件和数据的硬盘分区,要在硬盘上安装操作系统,则该硬盘必须要有一个主分区。

扩展分区是主分区外的分区。扩展分区不能直接使用,必须再将它划分为若干个逻辑分区才行。平常所看到的 D、E、F 等分区就是逻辑分区。

2. 分区格式

格式化就相当于在白纸上打上格子,而这分区格式就如同这"格子"的样式,不同的操作系统打"格子"的方式是不一样的,目前 Windows 所用的分区格式主要有 FAT16、FAT32、NTFS,Linux 支持 Ext2 等分区格式。几乎所有的操作系统都支持 FAT16,但采用 FAT16分区格式的硬盘实际利用效率低,因此如今该分区格式已经很少用了。

FAT32 采用 32 位的文件分配表,使其对磁盘的管理能力大大增强,Windows 98/Me/2000/XP 都支持它。NTFS 的优点是安全性和稳定性极其出色,目前大部分的 Windows 操作系统中采用此种格式的分区。

3. 分区原则

不管使用哪种分区软件,在给新硬盘上建立分区时都要遵循以下的顺序:建立主分区→建立扩展分区→建立逻辑分区→激活主分区→格式化所有分区,如图 9.46 所示。

9.4.2　利用工具进行磁盘分区

这里介绍两种磁盘分区的工具。

1. 利用 Windows 7 安装程序进行分区

在 Windows 7 的安装程序中为用户提供了分区工具,可以在装入系统之前进行分区,具体步骤如下。

(1) 在安装时选择"自定义(高级)"选项,如图 9.47 所示。

(2) 随后会显示当前磁盘的大小,单击"驱动器选项(高级)"项,如图 9.48 所示。

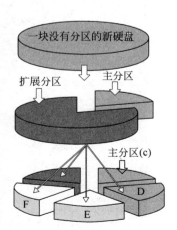

图 9.46　硬盘分区示意图

（3）单击"新建"按钮，出现界面，如图 9.49 所示。

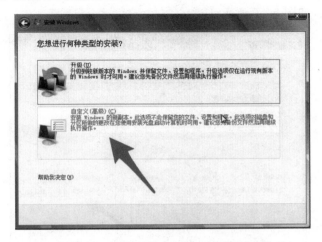

图 9.47 进入 Windows 7 安装界面

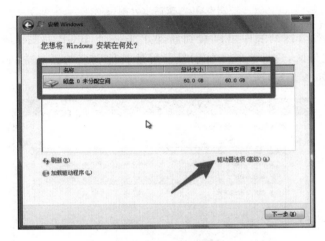

图 9.48 选择驱动器选项

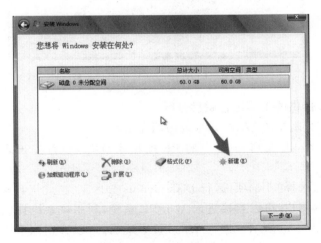

图 9.49 选择新建分区

微型计算机组装

(4) 输入系统盘安装的大小,单位为 MB,这里新建一个 30GB 的系统安装分区,然后单击"应用"按钮继续,如图 9.50 所示。

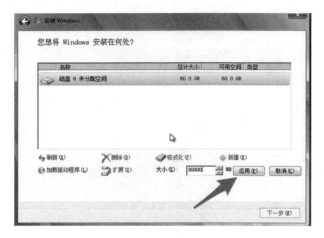

图 9.50　按需求分配空间

(5) 接着在磁盘分区列表中可以看到新建出来一个 30GB 左右大小的主分区,系统安装盘分区必须为主分区,这样系统才能引导。另外其他剩余的磁盘空间,可以在系统安装好以后再进行划分,如图 9.51 所示。

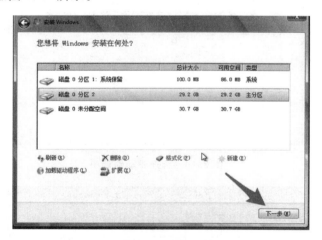

图 9.51　完成分区开始安装系统

2. 用 Win-PE 提供的工具进行磁盘分区

下面以"U 启动"制作的 Win-PE 系统为例介绍。

通过 BIOS 设置,进入到 U 盘中的 PE 操作系统时,会首先出现如图 9.52 所示的界面。

此时,可以通过选择 06 选项,运行 Disk Genius 分区工具,此工具提供的是 DOS 界面。对于 DOS 不熟悉的用户,可以直接进入 Win-PE 系统,利用该系统提供的可视化分区工具进行分区操作,如图 9.53 所示。进入 Win-PE 系统后,可以看到该系统为用户提供了多种工具。

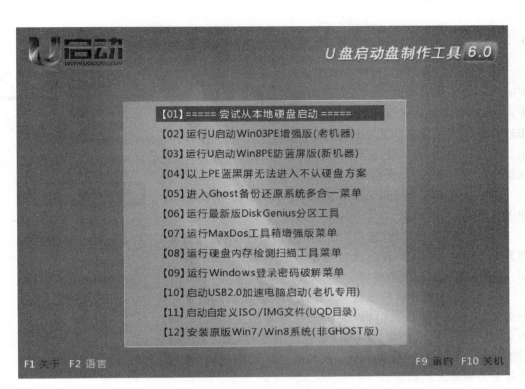

图 9.52　Win-PE 工具界面

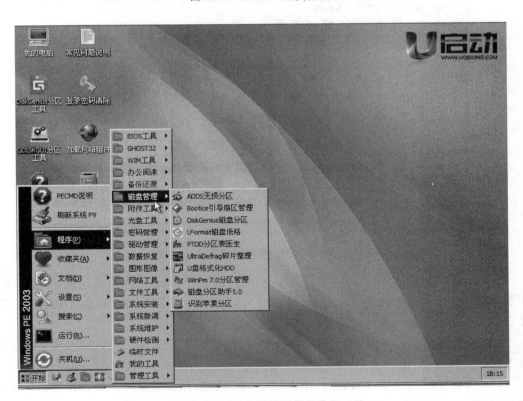

图 9.53　Win-PE 系统提供的分区工具

微型计算机组装

9.4.3 利用 Windows 8 磁盘分区工具调整分区

完成组装计算机后,在安装操作系统过程中会要求对磁盘进行分区操作,此时可以使用 Windows 8 系统自带的分区工具进行分区处理。在有些情况下,在开始对硬盘分区时考虑不够全面细致,安装完系统和应用软件后发现主分区(C:)空间剩余不多,给后期安装软件带来了不便,这时就可以使用 Windows 8 系统自带的分区工具调整分区进行调整,现介绍如下。

(1)首先使用 Windows+X 键,调出系统功能菜单,出现如图 9.54 所示的界面。

(2)选择"磁盘管理"选项,出现如图 9.55 所示的磁盘管理界面。此时,可以看到磁盘的每个分区信息,以及扩展空间、可用空间和未分配空间等。

(3)右击准备分区的磁盘(如 E 盘),在弹出的快捷菜单中选择"压缩卷"选项,这时就会弹出一个新的压缩窗口,如图 9.56 所示。在这个窗口中可以看到这个盘的大小、可压缩的空间大小和输入压缩空间量。前两者是无法更改的,而后者就是需要输入的数值。

图 9.54 磁盘管理菜单

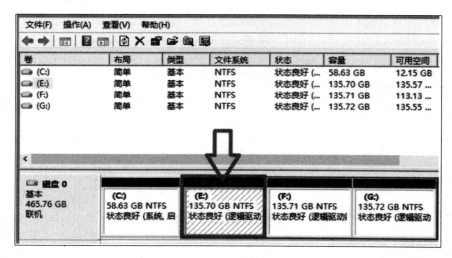

图 9.55 磁盘管理界面

(4)需要注意的是,输入的数值就是准备新分区的空间大小。当压缩完成后,就会看到在磁盘管理中多出一个新的"可用空间",如图 9.57 所示。但这部分空间还不能使用,需要在它上面真正建立一个分区。

(5)右击这个新的空间,在弹出的快捷菜单中选择"新建简单卷"选项,出现安装向导,输入新分区的大小,如图 9.58 所示。

(6)分区空间大小输入完成后,单击"下一步"按钮,出现对新分区属性设置的界面,如图 9.59 所示。输入新分配一个卷标(盘符),选择磁盘属性,一般默认为 NTFS。

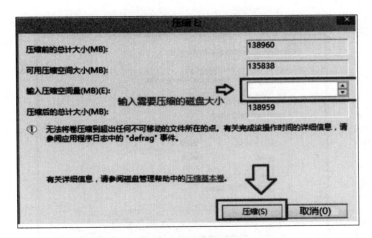

图 9.56　分区空间大小输入

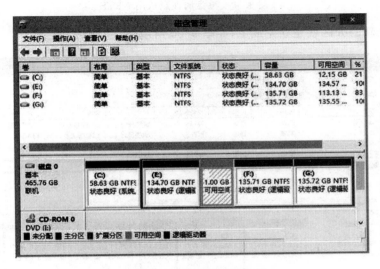

图 9.57　分割出的可用空间

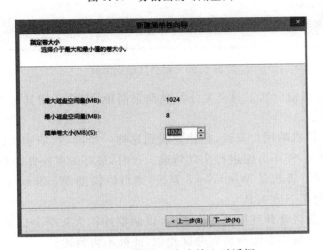

图 9.58　新建分区大小输入对话框

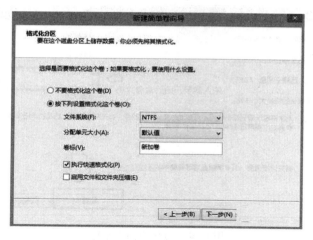

图 9.59　磁盘属性默认用 NFTS

（7）一个新的分区就建立完成了，如图 9.60 所示。

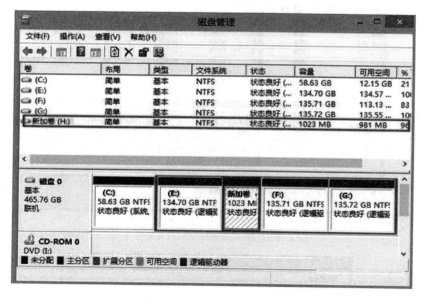

图 9.60　新分区建立完成

　　用 Windows 8 磁盘分区工具合并分区操作很简单，完全不用其他的第三方工具，通过系统本身就能实现。

　　对于新购买计算机的用户来说，往往会遇到这样一个问题，新购买的计算机分区很少，每个磁盘容量又很大，并不方便进行文件管理。这时，最好的解决办法是借助一些工具对磁盘进行分区，但如果计算机是 Windows 8 系统，则可以借助 Windows 8 磁盘管理工具进行分区管理，无须借助第三方工具。

　　如果想把一个分区合并到以前的磁盘中，以调整或扩大某个分区大小，然后通过"扩展卷"将可用空间合并，操作方法与新建分区相似，此处不再赘述。

思　考　题

1. 简述微型计算机组装的步骤。
2. 简述微型计算机组装的过程,安装过程注意事项有哪些?
3. 简述硬盘分区过程。什么是主分区? 什么是扩展分区?
4. 简述使用 Windows 8 对硬盘分区调整的步骤和过程。

微型计算机组装

第 10 章　操作系统及驱动程序安装

【教学目标】

（1）了解微型计算机操作系统安装的步骤和基础知识。

（2）了解驱动程序安装的方法及步骤。

（3）掌握微型计算机操作系统安装的过程。

【主要教学内容】

（1）微型计算机操作系统安装的步骤和基础知识。

（2）微型计算机操作系统安装的过程。

10.1　Windows 7 光盘启动安装过程

10.1.1　准备工作

1. Windows 7 系统简介

中文版 Windows 7 是 Microsoft 公司于 2009 年推出的操作系统。Windows 7 是 Windows Vista 的"改良版"，Microsoft 公司开发该系统旨在让人们的日常计算机操作更加简单和快捷，为人们提供高效、易行的工作环境。根据用户对象的不同，中文版的 Windows 7 有 4 个版本，分别是 Windows 7 基础家庭版、Windows 7 高级家庭版、Windows 7 中文专业版和 Windows 7 旗舰版。

准备 Windows 7 旗舰版简体中文版安装光盘，并检查光驱是否支持自启动。如果是已经使用了一定年限的计算机，在运行安装程序前最好用磁盘扫描程序扫描所有硬盘分区，检查硬盘错误并进行修复，否则安装程序运行时如检查到有硬盘错误会造成不必要的麻烦。在安装前还应该准备驱动程序和 Windows 7 的安装序列号备用。如硬盘中还有比较重要的数据，还应该做好备份或分区镜像。

安装前的准备步骤如下。

（1）准备中文版 Windows 7 系统光盘。

（2）准备各硬件的驱动程序，如主板、显卡、声卡等。

（3）准备常用的应用软件的安装程序，如 Office 办公软件、360 安全卫士等，这些软件在原始系统中是没有的。

（4）转移或备份原系统分区（C 盘）上的重要文件。若计算机中已有系统且不想保留，则格式化原系统分区，准备开始安装系统。

2. Windows 7 版本与安装要求

1) 版本

中文版 Windows 7 的安装可以通过多种方式进行,通常使用升级安装、全新安装、双系统共存安装三种方式:

(1) 升级安装:如果用户的计算机上安装了 Microsoft 公司较低版本的 Windows 操作系统,可以覆盖原有的系统而升级到 Windows 7 版本。中文版的核心代码是基于 Windows Vista 的,所以从 Windows NT6.0/Vista 上进行升级安装是非常方便的。

(2) 全新安装:如果用户新购买的计算机还未安装操作系统,或计算机上原有的操作系统已格式化,可以采用这种方式进行安装。用户可通过光驱引导 Windows 7 的安装光盘,进入安装界面,在安装系统向导提示下用户可以完成相关的操作。

(3) 双系统共存安装:如果用户的计算机上已经安装了操作系统,也可以在保留现有系统的基础上安装 Windows 7,新安装的 Windows 7 将被安装在一个独立的分区中,与原有的系统共同存在,但不会互相影响。当这样的双操作系统安装完成后,重新启动计算机,在显示屏上会出现系统选择菜单,用户可以选择所要使用的操作系统。这种安装方式适合于原有操作系统为非中文版的用户,或为非 Windows 7 系统的用户。

2) 安装要求

安装 Windows 7 操作系统的最低硬件系统配置要求为:

(1) 处理器:1GHz 32 位或 64 位处理器。

(2) 内存:1GB 及以上显卡;支持 DirectX 9 128MB。

(3) 硬盘空间:16GB 以上(主分区,NTFS 格式)空间。

(4) 显示器:要求分辨率在 1024×768 像素以上(低于该分辨率则无法正常显示部分功能),或可支持触摸技术的显示设备。

此外,声卡、网卡等配件也不能少。从要求上看,市场上现有及过去三年的主流机型都能很好地满足这些条件。

10.1.2　全新安装 Windows 7 旗舰版

用光盘启动系统,启动计算机进入 BIOS 设置程序,把光盘设为第一启动盘(具体设置方法参见第 9 章的相关内容),保存设置并重启。将 Windows 7 安装光盘放入光驱,重新启动计算机几秒后,屏幕上会出现 Press any key to boot from CD or DVD 的字样,此时需要按下键盘上的任意键以继续光驱引导,如图 10.1 所示。

图 10.1　按任意键从光驱引导系统

操作系统及驱动程序安装

(1) 光驱引导起来后,会出现如图 10.2 和图 10.3 所示的等待界面。

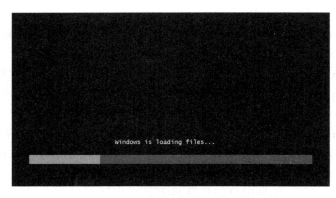

图 10.2　从光驱引导系统界面 1

图 10.3　从光驱引导系统界面 2

(2) 光驱引导系统会出现如图 10.4 所示的界面,则单击"现在安装"按钮,进行安装,此时出现如图 10.5 所示的界面。

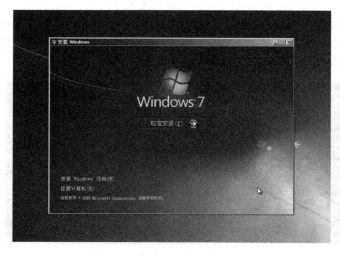

图 10.4　从光驱引导系统界面 3

图 10.5　从光驱引导系统界面 4

（3）系统安装设置。"要安装的语言"选择"中文（简体）"，"时间和货币格式"选择"中文（简体，中国）"，"键盘和输入法"选择"中文（简体）-美式键盘"，然后单击"下一步"按钮。版本选择，按照出厂随机系统版本的不同，此次可能略有不同，直接单击"下一步"按钮即可。

（4）同意许可条款，勾选"我接受许可条款"复选框后，单击"下一步"按钮，如图 10.6 所示。

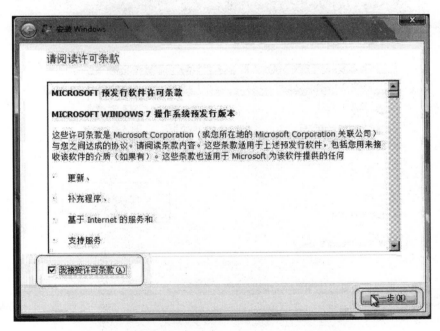

图 10.6　安装系统许可条款

（5）安装类型的选择，选择"自定义（高级）C"选项，如图 10.7 所示。

（6）进入分区界面，单击"驱动器选项（高级）（A）"选项，如图 10.8 所示。

（7）单击"删除（D）"按钮，删除所有分区，如图 10.9 所示。

图 10.7　安装类型选择

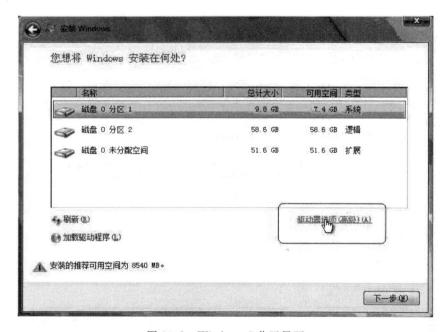

图 10.8　Windows 7 分区界面

（8）重新分区，设置分区容量建议，单击"应用"按钮并单击"下一步"按钮，如图 10.10 所示。

（9）选中要安装系统的磁盘分区，如图 10.11 所示。单击"下一步"按钮开始安装，其他分区可自行确定，安装完成后，可到磁盘管理进行其他分区。

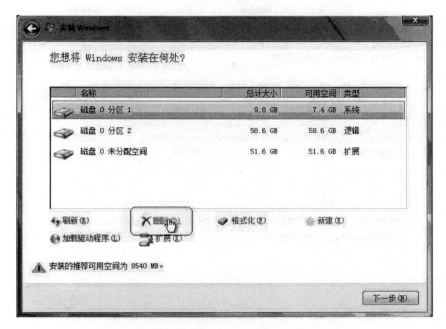

图 10.9　Windows 7 删除分区界面

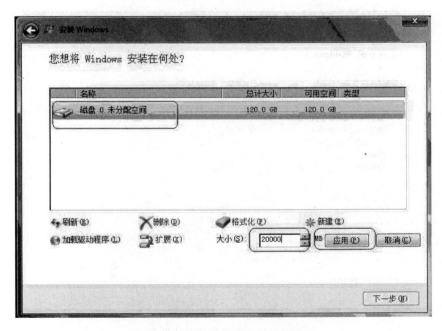

图 10.10　Windows 7 重新分区界面

　　（10）系统进行安装，开始进行"复制 Windows 文件"、"展开 Windows 文件"、"安装功能"、"安装更新"、"安装完成"等步骤，如图 10.12 所示。安装过程中计算机可能重新启动数次，自动重启后不要选择从光盘启动，应从硬盘启动。

　　（11）安装程序会再次重启并对主机进行一些检测，这些过程完全自动运行。重启后不

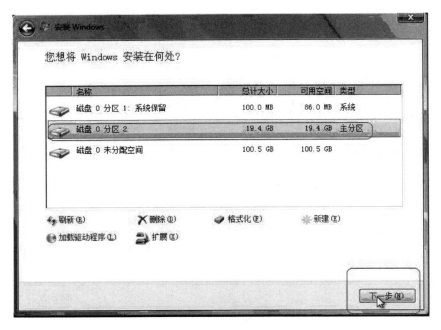

图 10.11　选择安装系统的分区

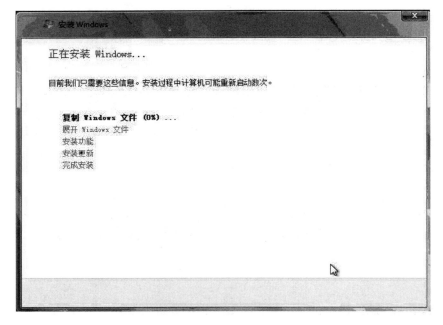

图 10.12　系统自动安装界面

要选择从光盘启动。完成检测后,会进入用户名设置界面,如图 10.13 所示,输入一个用户名。单击"下一步"按钮。

(12) 设置密码,如图 10.14 所示。需要注意的是,如果设置密码,那么必须设置密码提示。也可以不设置密码,直接单击"下一步"按钮,进入系统后在控制面板-用户账号中设置密码。

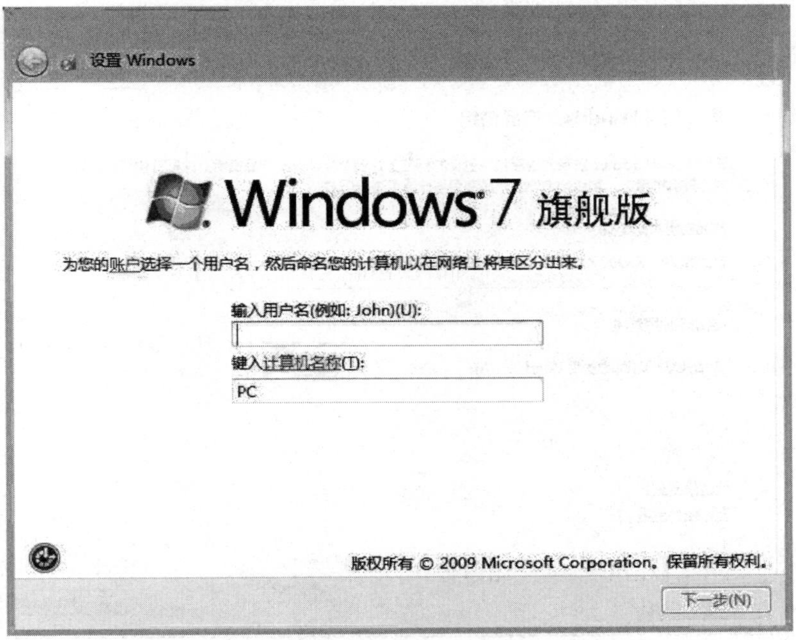

图 10.13　设置用户名界面

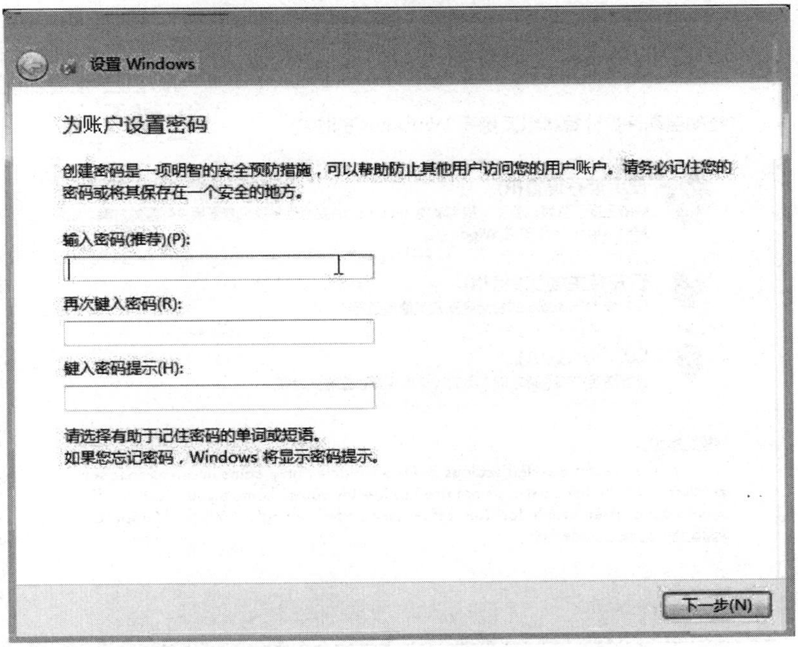

图 10.14　设置密码界面

　　（13）输入密钥，如图 10.15 所示，也可直接单击"下一步"按钮。安装完成后，依次选择
"开始-我的电脑-属性-更改产品密钥"输入密钥。

　　（14）个人选择，选择"以后询问我（A）"选项，如图 10.16 所示。

第
10
章

操作系统及驱动程序安装

图 10.15　输入密钥界面

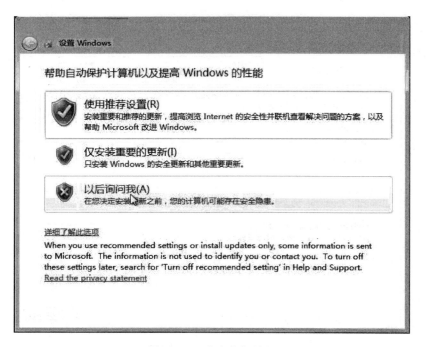

图 10.16　个人选择界面

（15）然后设置时间和日期，如图 10.17 所示。单击"下一步"按钮。

（16）系统会开始完成设置并启动，如图 10.18 和图 10.19 所示。

至此，Windows 7 操作系统就安装完成了。中文版 Windows 7 的安装是非常简单的，

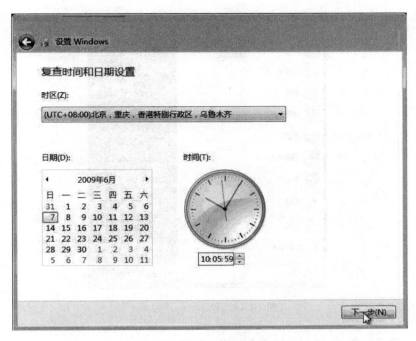

图 10.17　设置时间和日期

图 10.18　Windows 7 正在启动

无论采用哪种安装方式,都不需要用户做太多的工作,除了输入少量的个人信息,整个过程几乎是全自动的。由于使用不同的安装方式,整个安装过程进行步骤也是不同的,用户可根据实际情况具体对待,只要按安装程序向导的提示进行即可成功安装中文版 Windows 7 操作系统。

图 10.19　Windows 7 桌面

10.1.3　用 U 盘安装 Windows 7 系统

目前很多笔记本计算机无内置光驱,在安装 Windows 7 时需要使用 USB 设备,而一些第三方解决方案可能无法很好地与 Windows 7 ISO 文件兼容,或无法启动引导。现在介绍用 U 盘安装 Windows 7 系统的工具,操作步骤如下。

(1) 首先需要下载 Windows 7 USB/DVD Download Tool。

(2) 双击打开这个工具,单击浏览找到 Windows 7 的 ISO 文件,如图 10.20 所示。

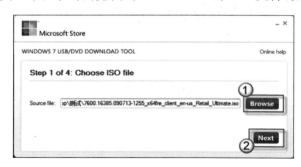

图 10.20　选择 IOS 文件

(3) 单击 Next 按钮,系统会提示选择启动介质,选择 USB Device,如图 10.21 所示。

(4) 选中需要使用的 U 盘(如果有多个 U 盘,可以从下拉菜单中选择使用的那个),如图 10.22 所示。

注意:此处,用作启动盘的 U 盘应具有至少 4GB 的空间。

(5) 选择 U 盘后,单击 Begin copying 按钮,现在 Windows 7 USB/DVD Download Tool 就开始创建启动 U 盘了,如图 10.23 所示。这个过程需要几分钟。

启动 U 盘创建好后,连接到计算机,调节 BIOS 或加载启动菜单,即可开始系统安装,后

图 10.21　选择启动介质

图 10.22　选择 U 盘

图 10.23　制作启动 U 盘

续步骤参考 10.1.2 节内容即可。

10.1.4　Windows 8 系统安装

Windows 8 系统配置要求跟 Windows 7 系统类似：主频 1GHz 或更快的 32 位(x86)或 64 位处理器，1GB RAM(32 位)/2GB 内存(64 位)，16GB 可用磁盘空间(32 位)/20GB (64 位)，支持 DirectX 9 图形处理器的 WDDM(Windows 显示驱动模型)1.0 或更高版本驱动程序。

1. 安装前的准备

从网络下载 Windows 8 系统 32 位版或者 64 位版的一个 ISO 镜像文件；利用刻录软件将系统刻录到准备好的 DVD 光盘；PC 或者笔记本电脑一台。

2. 安装步骤

将制作的系统盘放入光驱,然后重启系统按 Del 键进入 BIOS 设置,第一启动项设置为光盘启动,然后按 F10 键保存设置,重启系统。

(1)计算机重启后会自动从光盘启动,开始安装 Windows 8 系统,如图 10.24 所示,单击"现在安装"按钮。

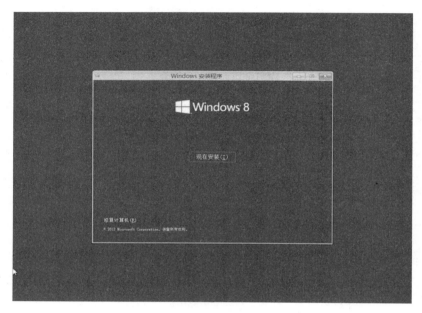

图 10.24　光盘启动安装

(2)系统进入安装准备阶段,需要等待一段时间,如图 10.25 所示。

图 10.25　正在启动安装程序

（3）在如图 10.26 所示的许可条款界面中，选中"我接受许可协议"复选框，然后单击"下一步"按钮，出现安装类型选择界面，如图 10.27 所示。

图 10.26　许可条款界面

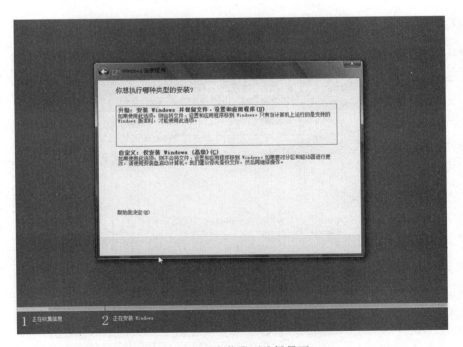

图 10.27　安装类型选择界面

操作系统及驱动程序安装

（4）根据情况可选择"自定义安装"或升级安装，选择要安装 Windows 8 系统的分区（如果计算机是已经分过区的，可以直接跳到后续步骤继续），单击"驱动器选项（高级）"进入高级设置，如图 10.28 所示。

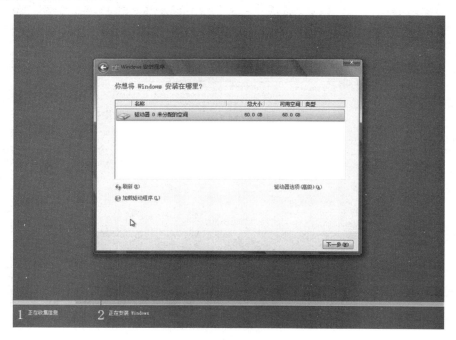

图 10.28　系统分区界面

（5）单击右下方的"新建"项，创建新的分区，如图 10.29 所示。

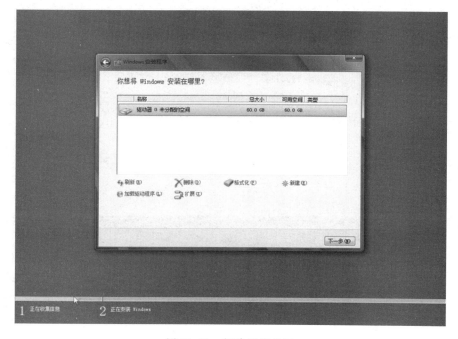

图 10.29　新建系统分区

（6）设置磁盘分区大小，如图 10.30 所示。

图 10.30　设置分区大小

（7）在大小框中输入设置的大小，然后单击"应用"按钮，如图 10.31 所示。

图 10.31　输入分区大小

(8) 在出现的对话框中,单击"确定"按钮,继续安装,如图 10.32 所示。

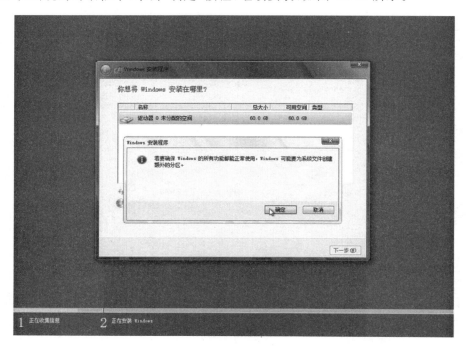

图 10.32　继续安装界面 1

(9) 选择要安装系统的分区,然后单击"下一步"按钮,继续安装,如图 10.33 所示。

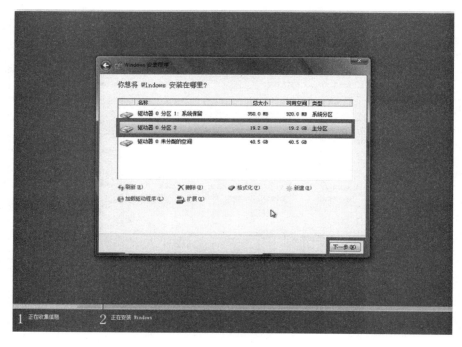

图 10.33　继续安装界面 2

（10）系统开始安装，这一步需要比较长的时间，如图 10.34 所示。

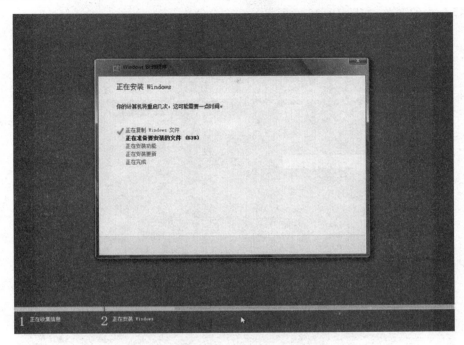

图 10.34　系统开始安装

（11）安装完成后计算机会自动重启，然后进入开始安装设备界面，如图 10.35 所示。

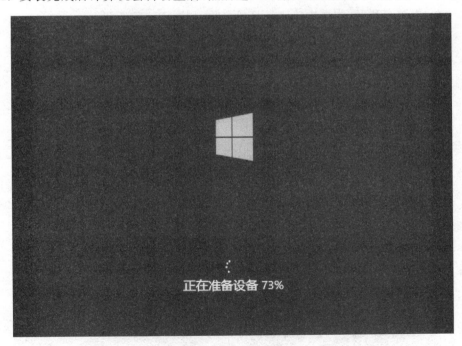

图 10.35　开始安装设备

操作系统及驱动程序安装

（12）开始个性化设置（主要包含计算机名跟系统颜色设置），移动下图红框中的三角号可以选择喜欢的颜色，如图 10.36 所示。

图 10.36　个性化设置

（13）在"电脑名称"文本框中输入计算机名称，如图 10.37 所示。

图 10.37　电脑名设置

（14）其他常规设置，可以选择"使用快速设置"按钮，如图 10.38 所示。

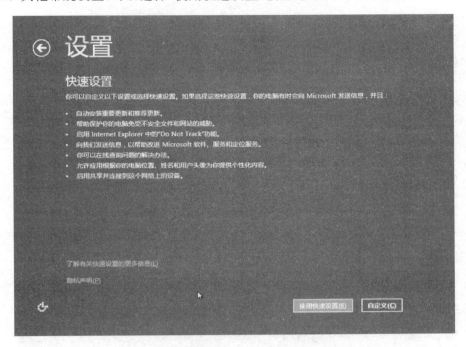

图 10.38　快速设置界面

（15）输入最常用的电子邮箱，如图 10.39 所示。

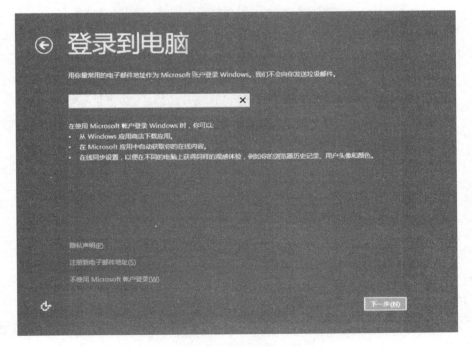

图 10.39　输入邮箱界面

操作系统及驱动程序安装

（16）输入登录用户名和密码，以及其他信息，然后单击"完成"按钮完成设置，如图 10.40 和图 10.41 所示。

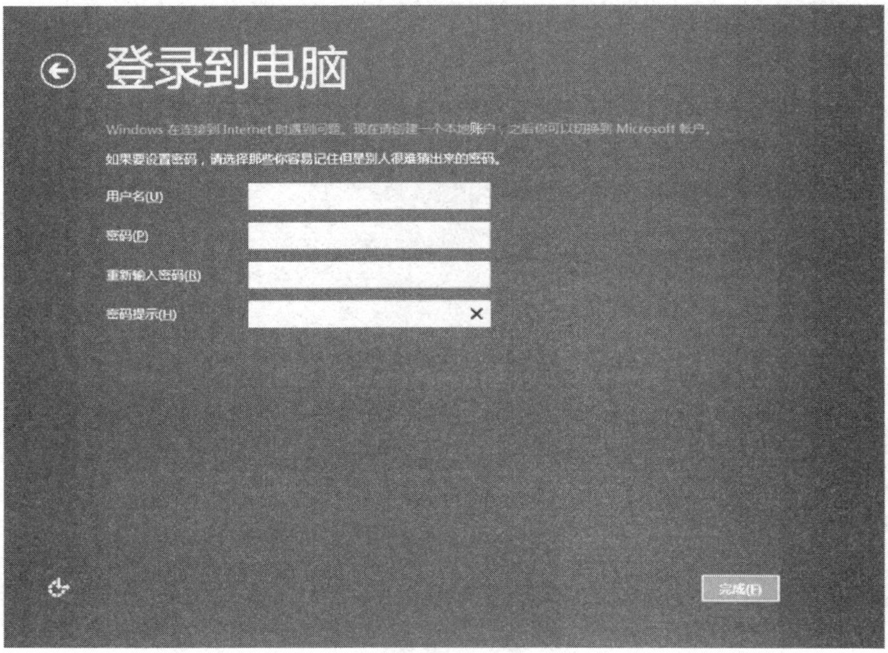

图 10.40　设置用户名和密码

图 10.41　设置完成界面

（17）设置完成后会有教程提示，如图 10.42 所示。初次使用需要学习时，可以查看相关内容。

（18）教程学习完毕，随后系统进入准备工作，大约几分钟后，进入系统的第一个界面就是经典的 Windows 8 开始菜单界面如图 10.43 所示。

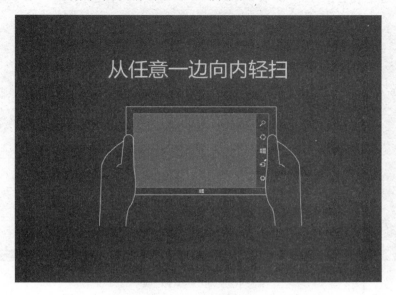

图 10.42　教程提示界面

图 10.43　Windows 8 系统界面

（19）单击上图中的"桌面"图标，进入电脑桌面，如图 10.44 所示。

（20）Windows 8 系统的激活。右击桌面计算机图标，然后选择属性，会发现界面下方有提示系统尚未激活，可以找 Windows 8 系统激活工具进行激活（建议购买正版激活码），如图 10.45 所示，Windows 8 系统的安装全部完成。

图 10.44　系统电脑桌面

图 10.45　系统激活界面

10.2　驱动程序安装

驱动程序是计算机硬件用来与计算机进行沟通的语言,要使硬件正常工作,发挥各自的作用,就必须安装相应的驱动程序。尽管 Windows 7 提供了强大的即插即用功能,支持许多计算机常用硬件,不用安装驱动程序就能够使计算机正常工作,但要使硬件的功能很好地发挥,建议使用由硬件厂商提供的最新驱动程序。

现在介绍主板驱动程序、声卡驱动程序、显示卡驱动程序和打印机驱动程序的安装。

1. 安装主板/声卡驱动程序

由于目前绝大多数的声卡、网卡是集成在主板上的,因此主板附带光盘中除了芯片组驱动外同时也包含了声卡和网卡的驱动程序。现在以"精英 848P-A"主板为例对主板、声卡及网卡驱动程序的安装作一介绍。

(1) 准备好主板附带的驱动光盘后,将其放入光驱中,光盘上的自动执行文件会自行开始运行,如图 10.46 所示。

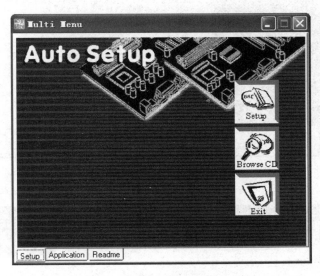

图 10.46   主板驱动程序运行界面

(2) 单击 Setup 按钮,进入下一步安装,出现如图 10.47 所示正在准备安装的界面。

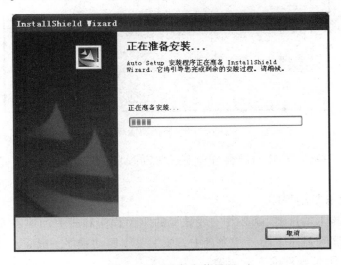

图 10.47   准备安装界面

(3) 驱动程序安装向导初始化完成后,会出现如图 10.48 所示的"欢迎使用"界面。

(4) 单击"下一步"按钮,搜集完已安装驱动程序信息后,出现如图 10.49 所示的选择功能界面。这里可以选择需要安装的驱动程序,除了选择主板的芯片组驱动程序外,同时也可

第 10 章

操作系统及驱动程序安装

以把板载声卡和板载网卡的驱动程序一起选中,这样安装完成后,声卡和网卡的驱动程序也就一起安装了。

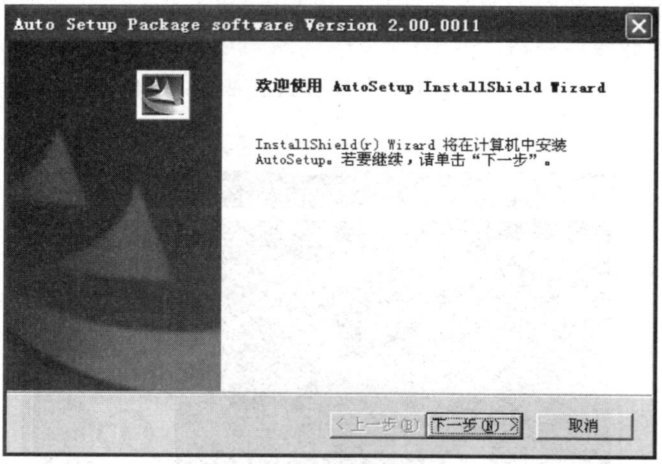

图 10.48　欢迎使用界面

图 10.49　选择功能界面

单击"下一步"按钮,安装向导会自动完成驱动程序的安装并重新启动计算机使驱动程序生效。

2. 安装显示卡驱动程序

要充分发挥显卡的性能,就必须安装显卡的驱动程序和相关加速程序。显卡的驱动程序和相关加速程序在显示卡附带的光盘中。安装显卡驱动程序一般有三种方法。

1) 运行显卡附带软件的安装程序

将显卡附带的软件光盘放入光驱中,双击 SETUP.EXE。按照安装程序的提示,依次安装显卡驱动程序、DirectX 程序库、OpenGL 驱动程序、AGP GARTD 驱动程序。

2) 通过显示属性安装

在光驱中放入显卡附带的软件光盘,在桌面上右击,在弹出的快捷菜单中,选择"属性"

选项。然后选项设置→高级→适配器→属性→驱动程序→更新驱动程序,出现如图 10.50
所示的欢迎使用硬件更新向导窗口。

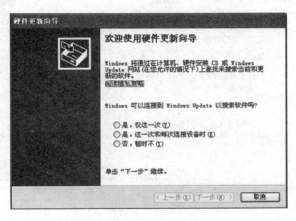

图 10.50　欢迎使用硬件更新向导

选择"否,暂时不"单选按钮,单击"下一步"按钮,然后在如图 10.51 所示的选择驱动程
序安装方式界面中,选择"从列表或指定位置安装(高级)"单选按钮,单击"下一步"按钮,进
入如图 10.52 所示的指定驱动程序位置界面。

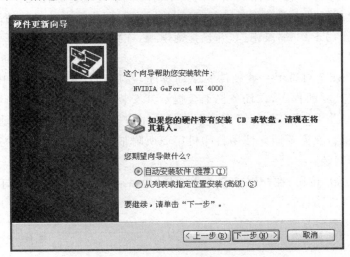

图 10.51　选择驱动程序安装方式

通过选中"搜索可移动媒体(软盘、CD-ROM…)"复选框可以进行自动搜索,也可以选
择"在搜索中包括这个位置"复选框,通过单击"浏览"按钮选择路径或直接输入。然后单击
"下一步"按钮,在搜索到合适的位置驱动程序后,向导会自动完成后续的安装过程,并重启
计算机使驱动生效。

3) 利用 Windows 的即插即用功能

在安装新的显卡后,开启计算机,Windows 的即插即用功能会发现新硬件,并出现"找
到新的硬件设备"的对话框,选择"硬件厂商提供驱动程序"并确定,在光盘上找到 Windows
目录中的 INF 文件,开始安装显卡的驱动程序。完毕后重启计算机。

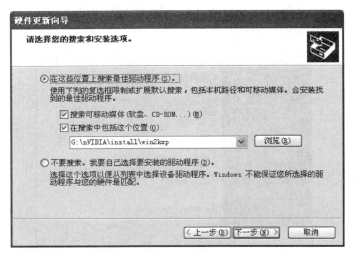

图 10.52　请选择您的搜索和安装选项

3. 安装打印机驱动程序

在 Windows 7 中,用户不但可以在本地计算机上安装打印机,如果用户是连入网络中的,也可以安装网络打印机,使用网络中的共享打印机来完成打印作业。

在安装本地打印机之前首先要进行打印机的连接,用户可在关机的情况下,把打印机的信号线与计算机的 LPT1 端口相连,并且接通电源,连接好之后,就可以开机启动系统,准备安装其驱动程序了。

由于 Windows 7 自带了一些硬件的驱动程序,在启动计算机的过程中,系统会自动搜索新硬件并加载其驱动程序,在任务栏上会提示其安装的过程,如"查找新硬件"、"发现新硬件"、"已经安装好并可以使用了"等文本框。如果用户所连接打印机的驱动程序没有在系统的硬件列表中显示,就需要用户使用打印机厂商所附带的光盘进行手动的安装,用户可以参照以下步骤进行安装:

(1) 单击"开始"按钮,在"开始"菜单中选择"设备和打印机"项,这时打开如图 10.53 所示的"设备和打印机"界面。

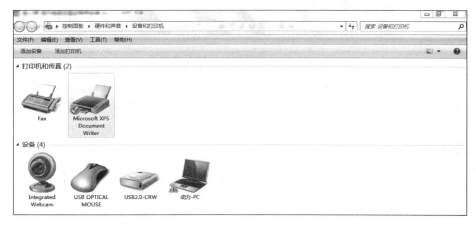

图 10.53　设备和打印机界面

（2）单击"添加打印机"图标，即可启动"添加打印机"对话框。在这个对话框中提示用户选择安装打印机的类型，这里选择"添加本地打印机(L)"项，如图 10.54 所示。

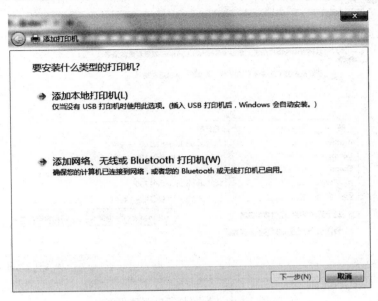

图 10.54　打印机安装类型选择

（3）这时，向导打开如图 10.55 所示的"选择打印机端口"界面，要求用户选择所安装的打印机使用的端口，在"使用现有端口"下拉列表框中提供了多种端口，系统推荐的打印机端口是 LPT1，大多数的计算机也是使用 LPT1 端口与本地计算机通信，如果用户使用的端口不在列表中，可以选择"创建新端口"单选按钮来创建新的通信端口。

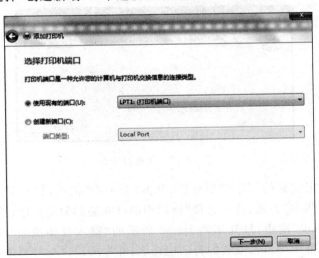

图 10.55　选择打印机端口

（4）当用户选定端口后，单击"下一步"按钮，打开如图 10.56 所示"安装打印机驱动程序"界面，在左侧的"厂商"列表中显示了世界各国打印机的知名生产厂商，当选择某制造商时，在右侧的"打印机"列表中会显示该生产厂相应的产品型号。

操作系统及驱动程序安装

图 10.56　安装打印机驱动程序

　　如果用户所安装的打印机制造商和型号未在列表中显示,可以使用打印机所附带的安装光盘进行安装,单击"从磁盘安装"按钮,打开如图 10.57 所示的界面,用户要插入厂商的安装盘,然后在"厂商文件复制来源"文本框中输入驱动程序文件的正确路径,或单击"浏览"按钮,在打开的窗口中选择所需的文件,然后单击"确定"按钮,可返回到"添加打印机"对话框。

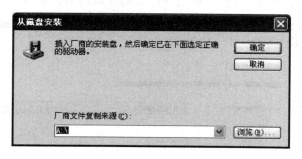

图 10.57　从磁盘安装

　　(5) 当用户选定安装的打印机型号后,单击"下一步"按钮,打开如图 10.58 所示"选择要使用的驱动程序版本"界面,这里选择"使用当前已安装的驱动程序(推荐)U"单选按钮。

　　(6) 单击"下一步"按钮,打开如图 10.59 所示的"键入打印机名称"界面,用户可以在"打印机名称"文本框中为自己安装的打印机命名,并提醒用户有些程序不支持超过 31 个英文字符或 15 个中文字符的服务器和打印机名称组合,最好取个短的打印机名称。

　　用户可以在此将这台打印机设置为默认的打印机,当设置为默认打印机之后,如果用户是处于网络中,而且网络中有多台共享打印机,在进行打印作业时,如果未指定打印机,将在这台默认的打印机上输出。

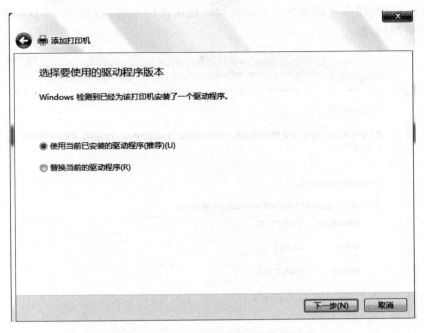

图 10.58　选择要使用的驱动程序版本

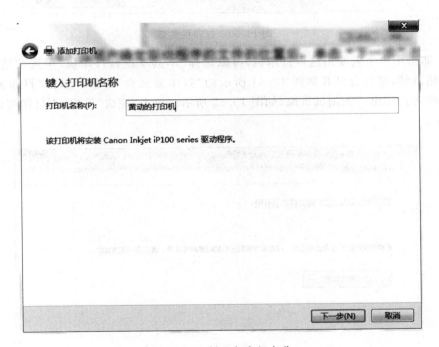

图 10.59　键入打印机名称

（7）用户为所安装的打印机命名后，单击"下一步"按钮，打开如图 10.60 所示的"打印机共享"界面，该项设置主要适用于连入网络的用户，如果用户将安装的打印机设置为共享打印机，网络中的其他用户就可以使用这台打印机进行打印作业，用户可以使用系统建议的名称，也可以在"共享名"文本框中重新输入一个其他网络用户易于识别的共享名。在"位置和注解"文本框中,用户可以为这台打印机加入描述性的内容,然后单击"下一步"按钮进入"打印测试页"对话框。

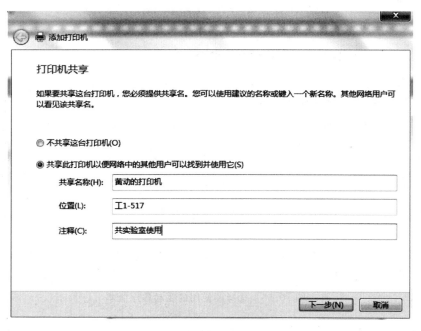

图 10.60　打印机共享

(8) 如果用户个人使用这台打印机,可以选择"不共享这台打印机"单选按钮,单击"下一步"按钮继续,这时会打开如图 10.61 所示的"打印测试页"界面。单击"打印测试页"按钮,打印机将打印出一张测试页面,如图 10.62 所示。单击"完成"按钮,不打印测试页,安装过程结束。

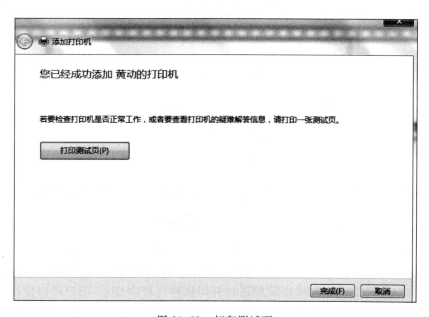

图 10.61　打印测试页

（9）单击"完成"按钮，关闭"添加打印机向导"。

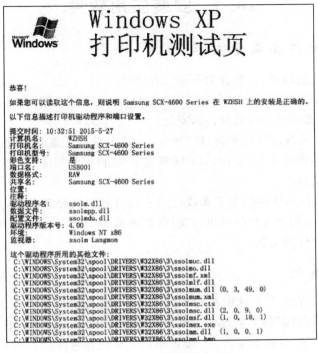

图 10.62　打印的测试页

　　（10）在完成添加打印机向导后，设备和打印机在"设备和打印"窗口中会出现刚添加的打印机的图标，如图 10.63 所示，如果将其设置为默认打印机，在图标旁边会有一个带"⊘"的标志，如果设置为共享打印机，则会有一个手形的标志。

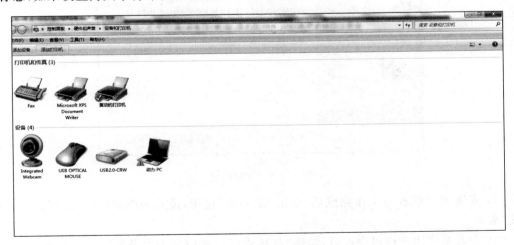

图 10.63　安装完成

　　网络打印机的安装方法与本地打印机的安装略有不同。在保证网络畅通并有打印机被共享的情况下，只要按照向导的提示逐步进行就能完成。

10.3 安装应用软件

10.3.1 应用软件安装方法

安装应用软件比较简单,一般分为下面三种情况:

(1) 将应用软件光盘放入光驱后,在"我的电脑"中双击光盘图标,自动运行安装程序并出现安装界面,按照提示进行应用软件的安装。

(2) 将应用软件光盘放入光驱后,在"我的电脑"中双击光盘图标,出现光盘内容(没有自动运行安装程序),然后双击 Setup.exe 安装程序,运行安装程序并出现安装界面,按照提示进行应用软件的安装。

(3) 如果应用软件是从网络上下载或已经从光盘复制到硬盘中的,只需要找到安装文件所在的文件夹,双击用于安装的可执行文件(扩展名为 EXE 的文件)即可出现安装界面,根据提示进行应用软件的安装。

10.3.2 安装实例

虽然各种应用软件的安装过程各有不同之处,但操作的方法是基本一样的。这里以"WPS Office 2012 专业版"的安装过程为例,讲解常用软件的安装与卸载过程。

(1) 运行安装程序,会弹出如图 10.64 所示的安装向导界面。

图 10.64 安装向导

(2) 安装向导的准备工作完成后,单击"下一步"按钮,进入如图 10.65 所示的"许可证协议"界面。

(3) 查看最终用户许可协议后,勾选"我接受许可证协议中的条款"复选框,单击"下一步"按钮,进入如图 10.66 所示的"产品序列号"界面。

(4) 这里,选择"试用(T)"单选按钮,单击"下一步"按钮,进入如图 10.67 所示的"选择组件"界面。

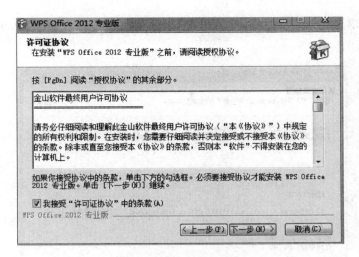

图 10.65 许可证协议

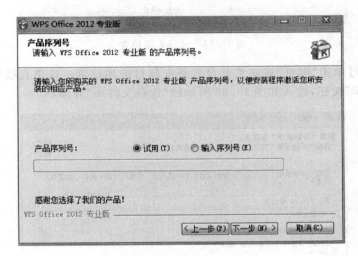

图 10.66 产品序列号

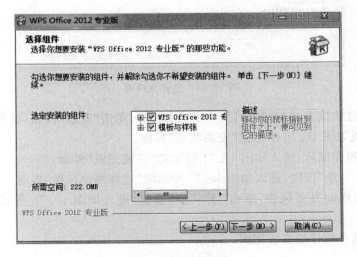

图 10.67 选择组件

(5) 根据需求选定安装的组件,然后单击"下一步"按钮,进入如图 10.68 所示的"选择安装位置"界面。

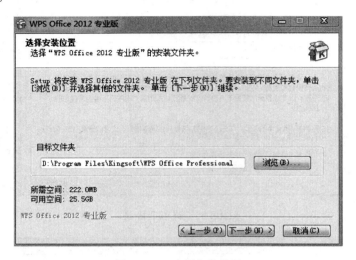

图 10.68　选择安装位置

(6) 可以通过单击"浏览"按钮重新设置新安装目的地位置。这里直接使用默认位置,然后单击"下一步"按钮,进入如图 10.69 所示的"选择文件夹"界面。

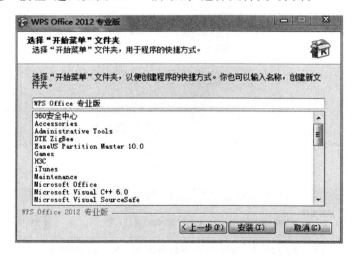

图 10.69　选择文件夹

(7) 输入软件快捷方式在"开始"菜单中的名称后,单击"安装"按钮,就开始进入软件的安装过程了,出现如图 10.70 所示的"安装状态"界面。

(8) 文件复制完成后,进入如图 10.71 所示的"安装完成"界面。

(9) 单击"下一步"按钮,进入如图 10.72 所示的"选择界面风格"界面。

(10) 选择喜欢的界面风格,单击"下一步"按钮,进入如图 10.73 所示的"正确完成"界面。

到此为止,整个软件的安装完成。

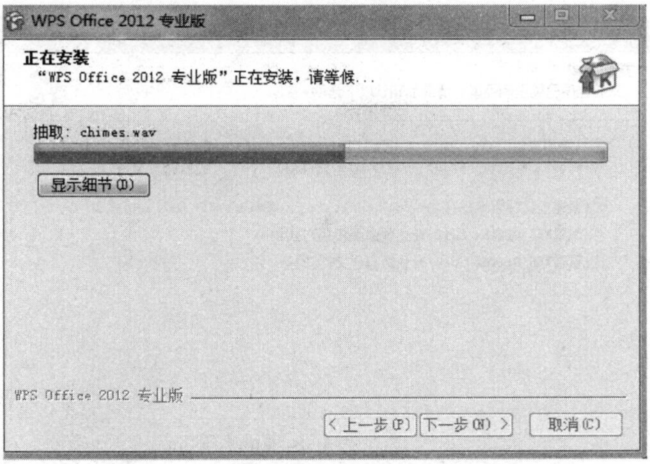

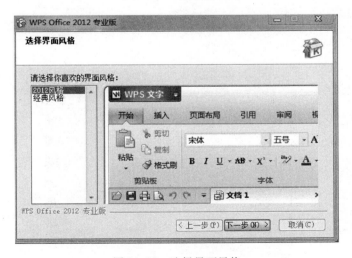

图 10.70 安装状态

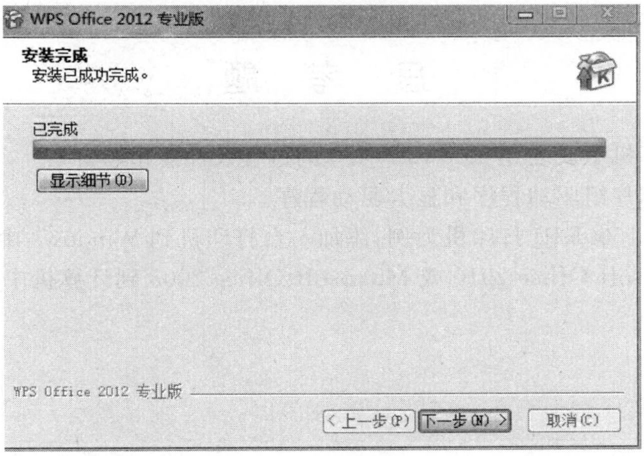

图 10.71 安装完成

图 10.72 选择界面风格

操作系统及驱动程序安装

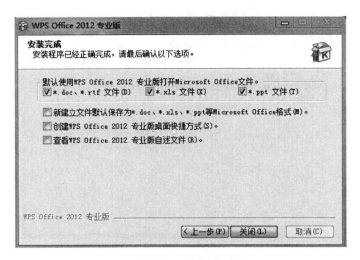

图 10.73　安装完成界面

思　考　题

1. 简述在计算机中安装 Windows 7/8.0 的过程及注意事项。

2. 安装主板芯片组驱动程序和显卡驱动程序。

3. 以 EPSON 1600KIII 打印机为例,添加一台打印机到 Windows 中。

4. 安装 Microsoft Office 2010 或 Microsoft Office 2003 到计算机中。

第11章 微机系统常用工具软件

【教学目标】
(1) 掌握硬盘"克隆"工具一键 Ghost 使用方法。
(2) 掌握 Windows 优化大师的使用方法。

【主要教学内容】
本章主要介绍硬盘"克隆"工具 Ghost 和 Windows 优化大师的使用方法。

11.1 系统的备份与还原

11.1.1 Ghost 工具概述

由于计算机病毒的肆虐,加之 Windows 系统自身的不稳定、各种软、硬件的故障等,经常造成莫名其妙的计算机问题,使用户不得不重新安装系统。重装系统,不但浪费时间,而且各种驱动程序及应用软件的安装和设置也非常麻烦。Symantec 软件公司提供的 GHOST 软件提供了一个很好的解决方案。

Ghost 是一个著名的硬盘备份还原工具软件。它可以将一个硬盘中的数据完全复制到另一个硬盘中,也可以创建硬盘的镜像备份文件,因此大家就习惯将 Ghost 这个软件称为硬盘"克隆"工具。

为避免操作系统原始完整安装的费时和重装系统后驱动应用程序再次安装的麻烦,许多用户把自己初次安装完成的系统用 Ghost 来备份,为操作方便,流程被称为"一键 Ghost""一键还原精灵"等,它便捷、实用的特点很快得到用户的喜爱。

由于 Ghost 所制作的文件其扩展名为 gho,所以习惯上被简称为"狗版"。现在又把操作系统 Windows XP、Windows Vista、Windows 7 等与系统引导文件和硬盘分区工具集成一体,用户在需要重装系统时有效、简便、快速地完成系统重装,所以 Ghost 在一定程度上被称为能快速恢复的系统备份文件。

11.1.2 一键 Ghost 备份与还原系统

"DOS 之家"首创的一键 Ghost 是 4 种版本(硬盘版、光盘版、优盘版、软盘版)同步发布的,可适应各种用户需要,既可独立使用,又能相互配合。其主要功能包括一键备份系统、一键恢复系统、中文向导、Ghost、DOS 工具箱。

一键 Ghost 备份与还原系统主要包括以下步骤。

(1) 下载安装完成"一键 Ghost"软件后,启动该程序,出现界面如图 11.1 所示。

184

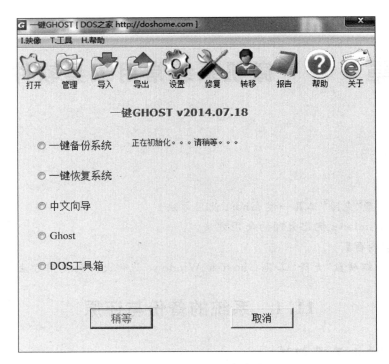

图 11.1　一键 Ghost 程序启动界面

（2）在界面中选择"一键备份系统"选项，单击"备份"按钮，出现如图 11.2 所示的界面。

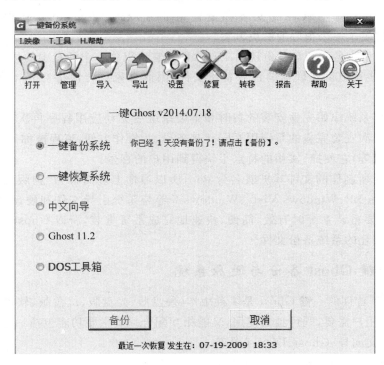

图 11.2　一键备份系统

单击"备份"按钮,计算机会重新启动,进入系统的备份阶段,如图 11.3 所示。

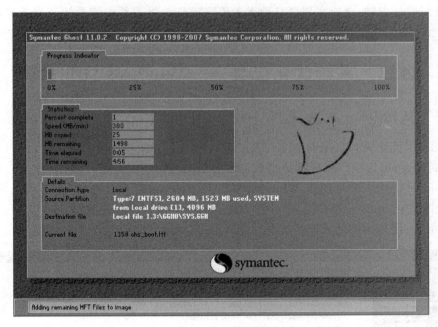

图 11.3　系统备份过程

系统备份完成后,如果需要恢复系统,可选择"一键恢复系统"单选按钮,单击"恢复"按钮,完成系统的恢复,如图 11.4 所示。

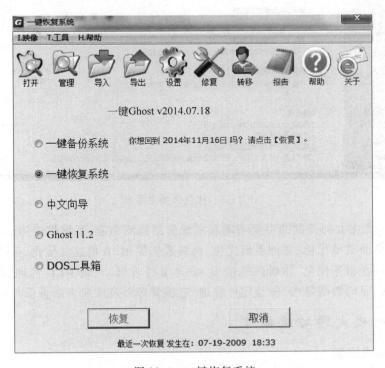

图 11.4　一键恢复系统

微机系统常用工具软件

该软件包括一键备份系统、一键恢复系统、中文向导、Ghost、DOS 工具箱。一键Ghost,只需按一个键,就能实现全自动无人值守操作。将重新安装系统花费的时间缩至最短,极大地提高了工作效率。

11.2　系统优化工具——Windows 优化大师

11.2.1　Windows 优化大师介绍

Windows 优化大师是国内知名的系统优化软件,有着丰富的优化功能,而且软件体积小巧,功能强大,可以给计算机维护带来很多方便。

Windows 优化大师适用于 Windows XP/2003/Vista/7 操作系统,能够提供全面有效、简便安全的优化、清理和维护手段,让计算机系统始终保持在最佳状态。

Windows 优化大师的程序主界面如图 11.5 所示。

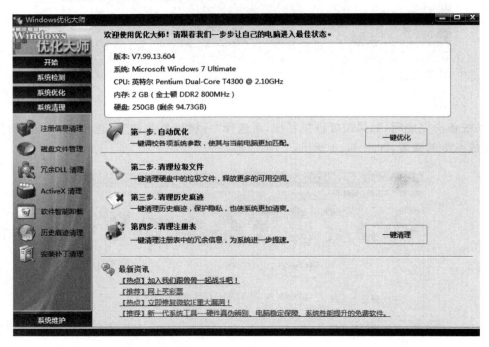

图 11.5　优化大师主界面

Windows 优化大师提供的主要功能有系统信息检测功能、系统性能测试、自动优化、磁盘缓存优化、桌面菜单优化、文件系统优化、网络系统优化、开机速度优化、系统安全优化、系统修改设置、后台服务优化、注册信息清理、磁盘文件管理、冗余 DLL 清理、ActiveX 清理、软件智能卸载、驱动智能备份、磁盘碎片整理、进程管理以及注册表的备份与恢复等。

11.2.2　优化大师功能操作

1. 查看系统信息

系统信息检测的主要功能包括,向使用者提供系统的硬件、软件情况报告;同时提供的系统性能测试帮助使用者了解系统的 CPU/内存速度、显示卡速度等。检测结果可以保存为文件以便今后对比和参考。在检测过程中，Windows 优化大师会对部分关键指标提出性能提升建议。

系统检测模块按照系统信息总揽、处理器和 BIOS、视频系统信息、音频系统信息、存储系统信息、网络系统信息、其他外部设备、软件信息检测、系统性能测试等 9 大类。

系统信息窗口界面如图 11.6 所示。

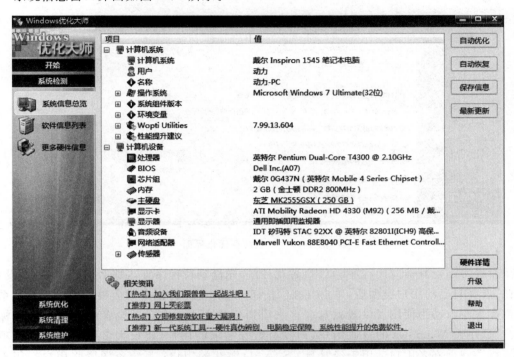

图 11.6　系统信息界面

通过右边的"自动优化"和"自动恢复"按钮，Windows 优化大师能够根据计算机的配置对系统进行自动优化和自动恢复。不过，此功能只对已注册用户有效。

2. 磁盘缓存优化

单击左边的"磁盘缓存优化"按钮，弹出界面如图 11.7 所示。

磁盘缓存对系统的运行起着至关重要的作用，一般情况下，Windows 会自动设定使用最大量的内存来作为磁盘缓存。有时，磁盘缓存会占用大量内在空间，当其他程序向 Windows 申请内存空间时，它才会释放部分内存给其他程序来运行，所以有必要对磁盘缓存空间进行设定，这样不仅可节省系统计算磁盘缓存的时间，而且可以保证其他程序对内存的要求。

进入 Windows 优化大师中的磁盘缓存选项，可以通过调节棒对磁盘缓存最小值、磁盘缓存最大值以及缓冲区读写单元进行调节，其中磁盘缓存最小值的调节范围是：0～8192，磁盘缓存最大值的调节范围是 0～40 960，缓冲区读写单元的调节范围是 0～4096。这三个调节参数在调整的过程中，Windows 优化大师会针对不同的内存大小给出合适的推荐提示。需要注意的是，Windows 优化大师此时给出的提示是针对 Windows 标准用户的，如果

微机系统常用工具软件

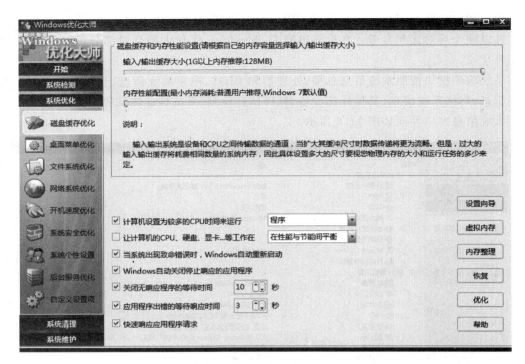

图 11.7　磁盘缓存优化界面

使用者经常运行其他应用程序(如 3D 游戏程序、光盘刻录程序等),那么请单击"自动设置"按钮,选择自己的用户类型后,单击"确定"按钮,Windows 优化大师会根据用户类型和系统的内存大小自动为使用者设置磁盘缓存三项指标的大小。在自动设置中,"Windows 标准用户"适用于 Windows 的普通用户(即没有特殊需求的用户,建议大多数用户选择此项);计算机游戏爱好者用户适用于经常玩 CS 等 3D 游戏的用户;系统资源紧张用户适用于开机后系统资源的可用空间较小的用户;多媒体爱好者适用于经常运行多媒体程序的用户;大型软件用户适用于经常同时运行几个大型程序的用户;光盘刻录机用户适用于经常进行光盘刻录的用户;录音设备用户适用于经常进行音频录制和转换的用户。

3. 桌面菜单优化

桌面菜单优化功能可以加速各菜单的显示速度,如图 11.8 所示。

菜单运行速度的优化可以加快所有菜单的运行速度,建议将该值调到最快。桌面图标缓存的优化可以提高桌面上图标的显示速度,建议将该值调整为 768KB。另外,建议选择"加速 Windows 刷新率",这样可以让 Windows 具备自动刷新功能。"关闭开始菜单动画效果",会降低 Windows 的速度。

4. 文件系统优化

文件系统优化主界面,如图 11.9 所示。

Windows 查找文件时要访问文件分配表(FAT),它可以通过储存已访问文件的路径和名字来加快下一次访问的速度。如果设置为便携机,系统只能存储 16 个文件夹和 337 个文件,使用约 4KB 内存;设置为台式机,那么系统能存储已访问过的 32 个文件夹和 677 个文件,使用约 10KB 的内存;而设置为网络服务器可以存储高达 64 个文件夹和 2729 个文件,

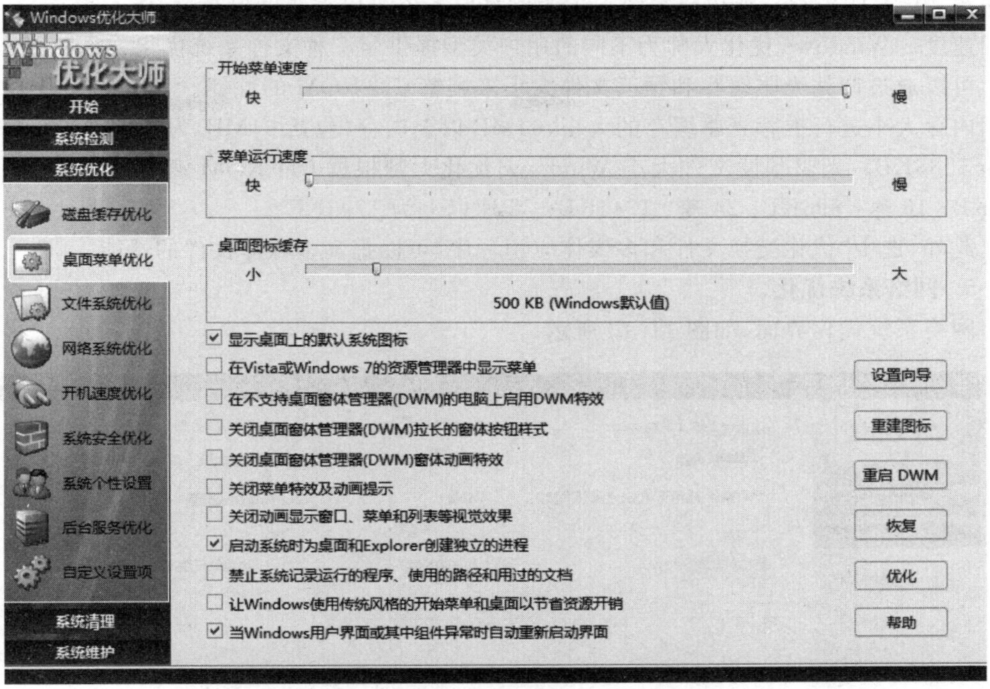

图 11.8　桌面菜单优化界面

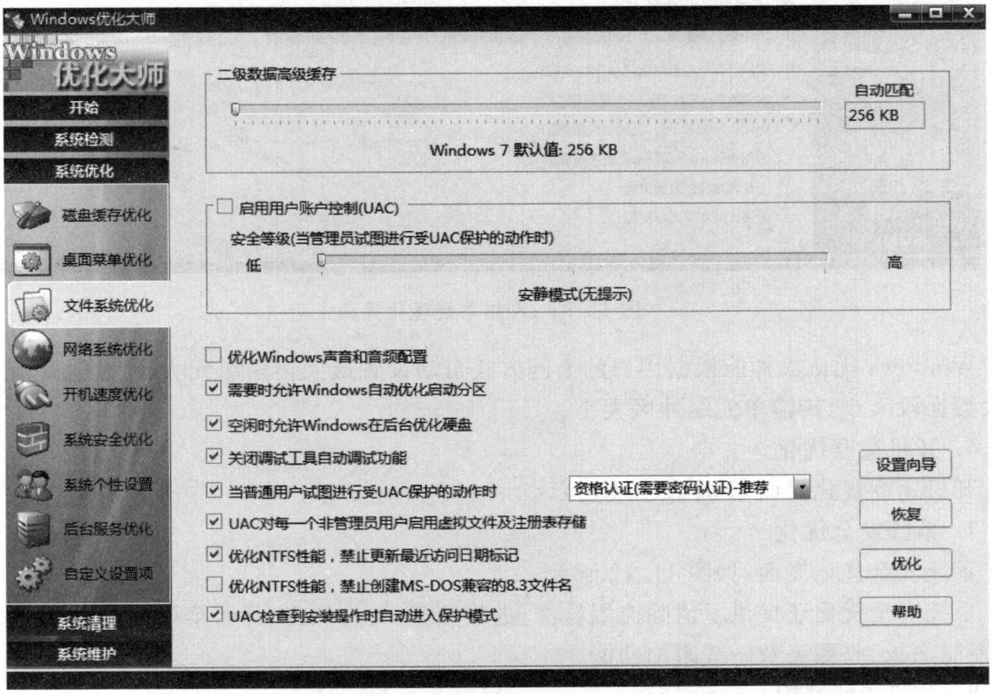

图 11.9　文件系统优化主界面

使用约 40KB 的内存。所以将系统设置为网络服务器可以大幅度提高 FAT 存储能力,加快访问速度。Windows 优化大师为不同的用户类型提供了 7 种文件系统优化方式。

可以通过调整光驱缓存和预读文件大小来调整 CD-ROM 的性能。Windows 优化大师根据内存大小进行推荐光驱缓存的大小,64MB 以上内存(包括 64MB)为 2048KB,64MB 以下为 1536KB。光驱预读文件大小 Windows 优化大师根据 CD-ROM 速度进行推荐,8 速:448KB;16 速:896KB;24 速:1344KB;32 速以上为 1792KB。

此外,选中"优化交换文件和多媒体应用程序"可以提高多媒体文件的性能。

5. 网络系统优化

网络系统优化界面,如图 11.10 所示。

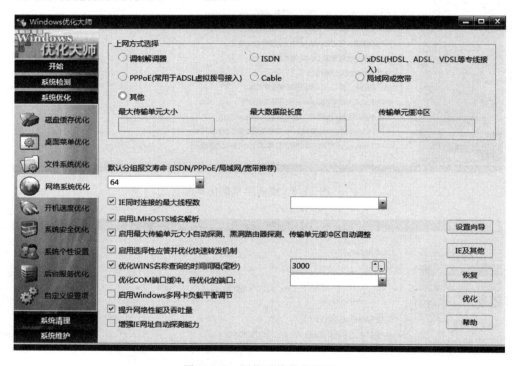

图 11.10　网络系统优化界面

Windows 优化大师能根据用户的上网方式自动设置最大传输单元大小、传输单元内的最大数据段大小、传输单元缓冲区大小。

6. 开机速度优化

开机速度优化界面,如图 11.11 所示。

7. 系统安全优化

系统安全优化界面,如图 11.12 所示。

系统安全优化还提供了清除流氓软件、进程管理、文件加密、开始菜单设置、应用程序设置、控制面板、收藏夹及一些附加功能。

8. 系统清理维护

系统清理维护主要提供了注册信息清理、硬盘文件管理、冗余 DLL 清理、ActiveX 清理、软件智能卸载、驱动智能备份、系统磁盘医生、磁盘碎片整理等功能。注册信息清理界面

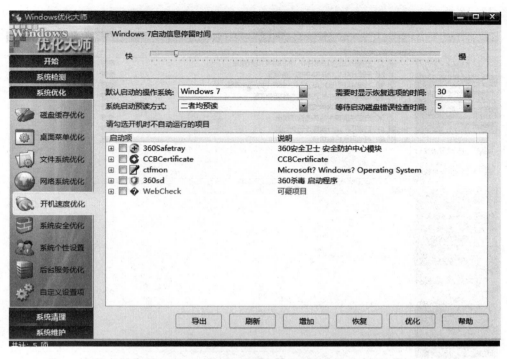

图 11.11 开机速度优化界面

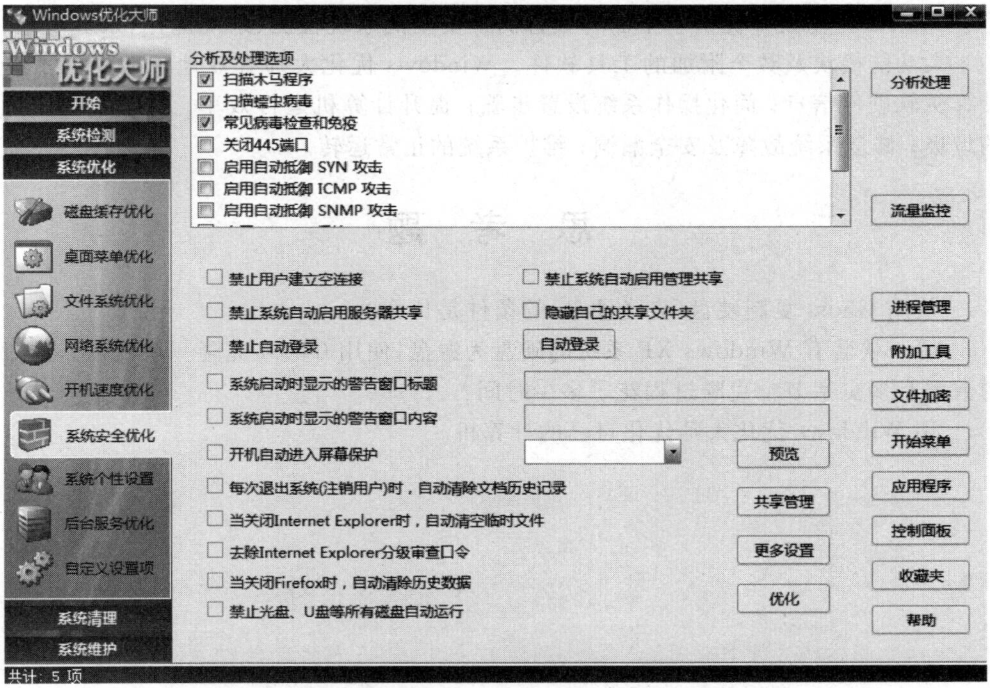

图 11.12 系统安全优化界面

微机系统常用工具软件

如图 11.13 所示。

图 11.13　注册信息清理界面

Windows 优化大师提供了全面有效且简便安全的系统检测、系统优化、系统清理、系统维护 4 大功能模块及数个附加的工具软件。Windows 优化大师有效地帮助用户了解自己的计算机软硬件信息；简化操作系统设置步骤；提升计算机运行效率；清理系统运行时产生的垃圾；修复系统故障及安全漏洞；维护系统的正常运转。

思　考　题

1. 使用 Ghost 复制硬盘(克隆硬盘)的条件是什么？

2. 以一块装有 Windows XP 系统的硬盘为源盘，使用 Ghost 克隆一块硬盘。注意被复制的数据有多少字节？ 克隆过程花了多少时间？

3. 用 Windows 优化大师优化自己的计算机。

第12章　计算机安全

【教学目标】
（1）了解计算机病毒的基本知识。
（2）掌握计算机病毒防治的基本方法。
（3）掌握常用反病毒软件、360 防火墙和木马杀除软件的使用方法。

【主要教学内容】
本章主要学习计算机病毒的基本常识、计算机病毒防治的基本方法；常用反病毒软件、天网防火墙和木马杀除软件的使用方法。

12.1　计算机病毒

12.1.1　计算机病毒的概念

计算机病毒就是编制或在计算机程序中插入的破坏计算机功能或破坏数据、影响计算机使用并且能够自我复制的一组计算机指令或程序代码。

从 1946 年第一台冯·诺依曼型计算机 ENIAC 出世以来，计算机已被应用到人类社会的各个领域。然而 1988 年发生在美国的"蠕虫病毒"事件，给计算机技术的发展罩上了一层阴影。蠕虫病毒是由美国康奈尔大学研究生莫里斯编写。虽然并无恶意，但在当时，"蠕虫"在 Internet 上大肆传染，使得数千台连网的计算机停止运行，并造成巨额损失，成为一时的舆论焦点。在国内最初引起人们注意的病毒是 80 年代末出现的"黑色星期五"、"米氏病毒"、"小球病毒"等。因当时软件种类不多，用户之间的软件交流较为频繁且反病毒软件并不普及，造成病毒的广泛流行。后来出现的 Word 宏病毒及 Windows 95 下的 CIH 病毒，使人们对病毒的认识更深了一步。

12.1.2　计算机病毒的特点

一般正常的程序是由用户调用，再由系统分配资源，完成用户交给的任务。其目的对用户是可见的、透明的。病毒具有正常程序的一切特性，它还隐藏在正常程序中，当用户调用正常程序时窃取到系统的控制权，先于正常程序执行，病毒的动作、目的对用户是未知的，是未经用户允许的。

计算机病毒主要有以下一些特点。

1. 传染性
计算机病毒能使自身的代码强行传染到一切符合其传染条件的未受到传染的程序之

上,计算机病毒可通过各种可能的渠道(如计算机网络)去传染其他的计算机,是否具有传染性是判别一个程序是否为计算机病毒的最重要条件。

2. 隐蔽性

计算机病毒一般是短小精悍的程序。通常附在正常程序中或磁盘代码中,正是由于隐蔽性,计算机病毒得以在用户没有察觉的情况下扩散到上百万台计算机中。大部分的计算机病毒代码之所以设计得非常短小,也是为了隐藏。计算机病毒一般只有几百字节,计算机病毒转瞬之间便可将这短短的几百字节附着到正常程序之中,但不易被察觉。

3. 潜伏性

大部分的计算机病毒感染系统之后一般不会马上发作,它可长期隐藏在系统中,只有在满足其特定条件时才启动其表现(破坏)模块。

4. 破坏性

任何计算机病毒只要侵入系统,都会对系统及应用程序产生不同程度的影响。恶性计算机病毒则有明确的目的,或破坏数据、删除文件或加密磁盘、格式化磁盘,有的对数据造成不可挽回的破坏。

5. 不可预见性

从对计算机病毒的检测方面来看,计算机病毒还有不可预见性。计算机病毒的制作技术也在不断的提高,计算机病毒对反病毒软件永远是超前的。

12.1.3 计算机病毒的分类

计算机病毒层出不穷,破坏能力也千奇百怪,谁也说不清到底有多少种病毒,但可以把病毒归类如下。

(1) 按攻击的对象分类,可以分为攻击微机型、攻击小型机、攻击大型机、攻击工作站、攻击便携式电子设备、攻击计算机网络等 6 种。

(2) 按攻击的操作系统分类,可以分为攻击 DOS 系统、攻击 Windows 系统、攻击 UNIX 系统、攻击 OS/2 系统、攻击嵌入式操作系统等 5 种。

(3) 按表现性质分类,可以分为良性病毒、恶性病毒、中性病毒等 3 种。

(4) 按寄生的方式分类,可以分为覆盖式寄生病毒、代替式寄生病毒、链接式寄生病毒、填充式寄生病毒和转储式寄生病毒等 5 种。

(5) 按感染的方式分类,可以分为引导扇区病毒、文件感染病毒、综合型感染病毒等 3 种。

(6) 按侵入途径分类,可以分为源码病毒、操作系统病毒、入侵病毒和外壳病毒等 4 种。

12.1.4 计算机感染病毒后的主要症状

从目前发现的病毒来看,由于病毒传染性和破坏性,所以有一些易于觉察的表现。其主要表现如下。

(1) 磁盘坏簇莫名其妙地增多(当然也可能硬盘真的有物理损坏)。

(2) 由于病毒程序附加在文件上,使可执行程序文件增大(很多病毒在带毒查看时,文件大小不变)。

(3) 由于病毒不断传染其他文件,使可用磁盘空间变小。

(4) DOS 或 Windows 7 能启动,有的病毒会破坏系统引导区或删除系统文件。

（5）莫名其妙丢失数据或文件，一些病毒会删除数据或文件。

（6）打印出现问题，使得打印不能正常进行。

（7）鼠标不能使用，键盘使用异常。

（8）死机现象频繁。

（9）出现一些意外的问候语、画面或提示声音。

（10）系统启动或程序运行出现异常现象，如比以前速度慢了。

（11）打开计算机时，黑屏且无声音提示，当系统 BIOS 被破坏时就是这样。

（12）CMOS 信息被修改或丢失（如硬盘参数等）。

（13）互联网的邮件服务器，被众多垃圾邮件阻塞，以至于瘫痪。

上面的现象可能是计算机病毒引起的，但也可能是由于误操作、系统本身不稳定、计算机被其他人使用并修改或其他原因。例如，升级 BIOS 失败时，启动计算机时就会出现黑屏；主板上备用电池电压低时，CMOS 信息会丢失；超频后散热不好，会频繁死机等。

12.1.5　计算机病毒的危害

计算机病毒的破坏行为体现了病毒的破坏性。计算机界不断出现的病毒，对计算机系统的危害多种多样，攻击计算机系统的主要方式是：破坏硬盘系统数据区、文件、CMOS、网络系统、系统 BIOS；降低系统运行速度；干扰系统运行、内存分配、屏幕显示、键盘、鼠标、喇叭、打印机等的正常操作；阻塞网络的正常通信。

1. 破坏系统数据区

系统数据区包括硬盘分区表和硬盘的引导扇区、文件分配表 FAT、文件目录等。这些数据被破坏，恢复比较困难。

2. 破坏文件

可执行程序文件、Word 文档和模板是病毒传染的对象。病毒攻击的文件可以是任何文件，攻击文件的方式包括删除文件、覆盖文件、文件改名、丢失部分数据等。

病毒修改 CMOS 中的信息（如硬盘参数），使计算机启动时出现错误。

病毒程序自动给网络用户发送大量的垃圾邮件，造成互联网的阻塞，以及黑客攻击网站等。

3. 破坏系统 BIOS

由于现在的 BIOS 是可以升级的 Flash ROM，升级程序可以把新的 BIOS 程序写入 CMOS 芯片，那么病毒程序也能做到，现在出现的是攻击主板 BIOS（通常称系统 BIOS），使计算机启动时黑屏。

4. 干扰系统正常运行

干扰系统正常运行包括不执行发出的命令、内部堆栈（Stack）溢出、死机或重新启动计算机、影响系统运行速度等。

5. 干扰内存分配

干扰内存分配包括病毒本身占用内存、病毒有意占用内存、改变内存容量、使得运行程序时报告内存不足等。

6. 干扰打印

一些病毒会使打印机不能正常打印，如假提示缺纸。

195

7. 干扰屏幕显示

病毒扰乱屏幕的正常显示,常表现为字符跌落、小球反弹、不正常问候语或提示画面等。

8. 干扰键盘

键盘按键无效,换字符、掉字符等。

9. 干扰鼠标

一些病毒会使鼠标操作异常。

10. 干扰喇叭

有的病毒在发作时,会发出提示音或奏出音乐。

在计算机病毒的众多破坏性中,损失最大的是丢失数据资料(破坏硬盘或 U 盘中的系统数据、删除或覆盖文件)、泄露保密资料、使网络瘫痪,病毒对计算机系统的干扰并不会造成巨大的损失,即使是毁坏了 BIOS,重写 BIOS 就可以了。

12.2　计算机病毒防治

12.2.1　病毒的传播途径

1. 计算机病毒的传播途径

计算机病毒的传播途径主要有以下几种:

(1)通过不可移动的计算机硬件设备进行传播。

(2)通过移动存储设备来传播。

(3)通过计算机网络进行传播。

(4)通过点对点通信系统和无线通道传播。

2. 不会有病毒传染的情况

(1)病毒不能传染写保护的 U 盘。

(2)干净的系统启动后,对带病毒的硬盘列目录(不是运行其中的程序),不会传染病毒。

没有执行程序的数据文件不会含有病毒,如纯文本文件. txt 不会感染病毒,Word 文档和模板中的宏,在文档或模板被打开时宏会被执行,宏就是宏病毒寄生的地方,所以 Word 文档或模板可能被感染宏病毒。

3. 可能传染病毒的操作

(1)带病毒的系统中,病毒可能传染本次使用的未写保护的 U 盘(包括列目录操作)。

(2)带病毒的系统中,发送邮件,可能病毒也被发送。

(3)带病毒的系统中,运行未带病毒的程序,这个程序可能染上病毒。

(4)打开来历不明的邮件或邮件附件,计算机可能染上病毒。

(5)运行了带病毒的程序,会传染其他被运行的程序。

(6)打开带宏病毒的 Word 文档或模板,会把宏病毒传给其他 Word 文档或模板。

12.2.2　防治病毒感染的措施

1. 防治病毒传染的措施

(1)U 盘尽量带写保护。

（2）安装病毒实时监控程序（防火墙），同时注意软件及时升级。

（3）慎用外来软件，使用前进行病毒扫描。

（4）安装硬盘还原卡可抵御病毒。

（5）经常查杀病毒，包括在杀毒软件中设置定时查杀病毒。

（6）注意系统中的一些异常变化，如执行程序文件变大、数据莫名其妙地丢失、发送带附件的邮件时死机、打印机不能打印等，就要及时做查杀病毒处理。

2. 注意一些病毒的发作日期

在下面的这些日期前（仅列出几个有代表性的日期），要特别注意查杀病毒，因为病毒可能要干坏事了。

3 月 6 日：米开朗基罗病毒。

4 月 26 日：CIH 病毒 1.2 版（是在我国流行最广的 CIH 病毒版本）。

5 月 4 日：New Century 病毒。

6 月 26 日：CIH 病毒 1.3 版。

7 月每一天：七月杀手宏病毒。

每月 26 日：CIH 病毒 1.4 版。

13 日星期五：磁盘杀手病毒。

12.3 常用反病毒软件

防治计算机病毒主要靠自己的警惕性和查杀病毒的软件。常见的查杀病毒软件有 360 杀毒软件、瑞星杀毒软件、金山毒霸、Avast /BitDefender（比特梵德）、NOD32、大蜘蛛等。

下面以 360 杀毒软件为例，说明查杀病毒的一般方法，其他的杀毒软件与其有相似之处。

360 杀毒是中国用户量最大的杀毒软件之一，360 杀毒是完全免费的杀毒软件，无需激活码，轻巧快速不卡机，误杀率远远低于其他杀毒软件。360 杀毒技术体系对系统资源占用极少，对系统运行速度的影响较小。

要安装 360 杀毒，首先请通过 360 官方网站下载最新版本的 360 杀毒安装程序。双击运行下载好的安装包，弹出 360 杀毒安装向导。这一步可以选择安装路径，建议按照默认设置即可，也可以单击"更改目录"按钮选择安装目录，如图 12.1 所示。

图 12.1 开始界面

单击"立即安装"后,接下来安装开始,如图 12.2 所示。

图 12.2　正在安装界面

安装完成之后,就可以看到全新版界面,如图 12.3 所示。

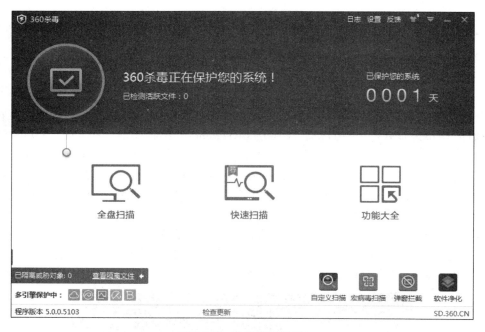

图 12.3　安装完成界面

12.3.1　360 杀毒软件功能

1. 病毒查杀

360 杀毒提供了 4 种手动病毒杀毒扫描方式:快速扫描、全盘扫描、自定义扫描及 Office 宏病毒扫描。

快速扫描:扫描 Windows 系统目录及 Program Files 目录。

全盘扫描:扫描所有磁盘。

自定义扫描:用户可以指定磁盘中的任意位置进行病毒扫描,完全自主操作,有针对性地进行扫描查杀。

Office 宏病毒扫描：对办公族和学生计算机用户来说，最头疼的莫过于 Office 文档感染宏病毒，轻则出现辛苦编辑的文档全部报废，重则私密文档被病毒窃取。对此 360 杀毒自从 3.1 正式版开始，就推出了 Office 宏病毒扫描查杀功能，可全面处理寄生在 Excel、Word 等文档中的 Office 宏病毒，查杀病毒的能力处于行业领先地位。

启动扫描之后，会显示扫描进度窗口。在这个窗口中用户可看到正在扫描的文件、总体进度以及发现问题的文件。如果用户希望 360 杀毒在扫描完成后自动关闭计算机，可以选"扫描完成后自动处理并关机"选项。这样在扫描结束之后，360 杀毒会自动处理病毒并关闭计算机。

2. 实时防护

360 杀毒在文件被访问时对文件进行扫描，及时拦截活动的病毒，对病毒进行免疫，防止系统敏感区域被病毒利用。在发现病毒时会及时通过提示窗口警告用户，迅速处理。

3. 主动防御

主动防御包含 1 层隔离防护、5 层入口防护、7 层系统防护加上 8 层浏览器防护，全方位立体化阻止病毒、木马和可疑程序入侵。360 安全中心还会跟踪分析病毒入侵系统的链路，锁定病毒最常利用的目录、文件、注册表位置，阻止病毒利用，免疫流行病毒。目前已经可实现对动态链接库劫持的免疫，以及对流行木马的免疫，免疫点还会根据流行病毒的发展变化而及时增加。

4. 广告拦截

结合 360 安全浏览器广告拦截，加上 360 杀毒独有的拦截技术，可以精准拦截各类网页广告、弹出式广告、弹窗广告等，为用户营造干净、健康、安全的上网环境。

5. 上网加速

360 杀毒通过优化计算机的上网参数、内存占用、CPU 占用、磁盘读写、网络流量，清理 IE 插件等全方位的优化清理工作，快速提升计算机上网卡、上网慢的症结，带来更好的上网体验。

6. 软件净化

在平时安装软件时，会遇到各种各样的捆绑软件，甚至一些软件会在不经意间安装到计算机中，通过新版杀毒内嵌的捆绑软件净化器，可以精准监控，对软件安装包进行扫描，及时报告捆绑的软件并进行拦截，同时用户也可以自定义选择安装。

7. 杀毒搬家

在杀毒软件的使用过程中，随着引擎和病毒库的升级，其安装目录所占磁盘空间会有所增加，可能会导致系统运行效率降低。360 杀毒新版提供了杀毒搬家功能。仅一键操作，就可以将 360 杀毒整体移动到其他的本地磁盘中，为当前磁盘释放空间，提升系统运行效率。

8. 功能大全

360 杀毒软件包括广告拦截、上网加速、软件净化以及杀毒搬家这几个代表性的功能模块，都是隶属于 360 杀毒功能大全。从系统安全、优化和急救三个方面，功能大全提供 19 款专业全面的软件工具，用户无须再去浩渺的互联网上寻找软件，就可以帮助用户优化处理各类计算机问题。

9. 病毒库和软件升级

360杀毒具有自动升级和手动升级功能,如果开启了自动升级功能,360杀毒会在有升级可用时自动下载并安装升级文件,自动升级完成后会通过气泡窗口提示。如果想手动进行升级,可以在360杀毒主界面底部单击"检查更新"按钮,此时升级程序会连接服务器检查是否有可用更新,如果有就会下载并安装升级文件。

13.3.2 360杀毒

360杀毒软件杀毒操作是十分简单的,进入主界面,选择"全盘扫描"或"快速扫描"按钮,工作就会自动进行,出现对话框如图12.4所示。

图12.4 查杀病毒界面

系统默认对"我的电脑"进行全面杀毒,用户可根据需求选择全盘扫描或快速扫描,直到所有硬盘数据查询完毕,这一过程非常漫长,要耐心等待。选择快速扫描的杀毒过程如图12.5所示。

病毒查杀完成后的界面,如图12.6所示。

也可以自定义扫描进行杀毒,只要勾选磁盘或文件夹前面的复选框,即可对选定目标进行扫描杀毒,发现病毒,系统便会自动清除。

如果只是怀疑某个文件夹有病毒,也可以直接右单击文件夹,在快捷菜单中,选择"杀毒"选项即可。检查结束会出现提示,这时只要找到确定,并关闭杀毒界面,接下来就可以放心的使用该文件夹了。当接收文件时,有时会看到来自360的提示,告诉本文件有病毒,这时应该毫不犹豫地将文件删除,千万不要打开。总之360会时时刻刻对计算机所有的部件进行监控,一旦发现疫情,便会及时发出警报。

图 12.5　查杀病毒过程

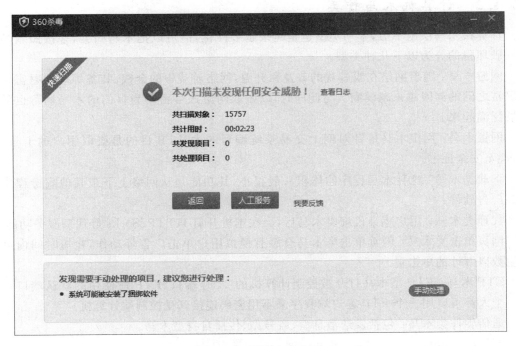

图 12.6　病毒查杀完成

计算机安全

12.4 计算机木马

12.4.1 什么是计算机木马

木马这个名字来源于古希腊传说,特洛伊王子帕里斯访问希腊,诱走了王后海伦,希腊人因此远征特洛伊。围攻 9 年后,到第 10 年,希腊将领奥德修斯献了一计,就是把一批勇士埋伏在一匹巨大的木马腹内,放在城外后,佯作退兵。特洛伊人以为敌兵已退,就把木马作为战利品搬入城中。到了夜间,埋伏在木马中的勇士跳出来,打开了城门,希腊将士一拥而入攻下了城池。后来,人们在写文章时就常用"特洛伊木马"这一典故,用来比喻在敌方营垒里埋下伏兵里应外合的故事。

"木马"程序与一般的病毒不同,它不会自我繁殖,也并不"刻意"地去感染其他文件,它通过将自身伪装吸引用户下载执行,向施种木马者提供打开被种主机的门户,使施种者可以任意毁坏、窃取被种者的文件,甚至远程操控被种主机。木马的产生严重危害着现代网络的安全运行。

木马不经计算机用户准许就可获得计算机的使用权。程序容量十分轻小,运行时不会浪费太多资源,因此没有使用杀毒软件是难以发觉的,运行时很难阻止它的行动,运行后,立刻自动登录在系统引导区,之后每次在 Windows 加载时自动运行,或立刻自动变更文件名,甚至隐形,或马上自动复制到其他文件夹中,运行连用户本身都无法运行的动作。

12.4.2 计算机木马种类

计算机木马层出不穷,木马类型也是越来越多样化,但可以把木马归类,并按照木马的不同破坏目的分为以下几种类型。

网游木马:随着网络在线游戏的普及和升温,网络游戏中的金钱、装备等虚拟财富与现实财富之间的界限越来越模糊。与此同时,以盗取网游账号密码为目的的木马病毒也随之发展泛滥起来。

网银木马:网银木马是针对网上交易系统编写的木马,其目的是盗取用户的卡号、密码,甚至安全证书。

下载类木马:这种木马程序的体积一般很小,其功能是从网络上下载其他病毒程序或安装广告软件。

代理类木马:用户感染代理类木马后,会在本机开启 HTTP、Socks 等代理服务功能。

网页单击类木马:网页单击类木马会恶意模拟用户单击广告等动作,在短时间内可以产生数以万计的单击量。

FTP 木马:FTP 型木马打开被控制计算机的 21 号端口(FTP 所使用的默认端口),使每一个人都可以用一个 FTP 客户端程序来不用密码连接到受控制端计算机。

通信软件类木马:包括发送消息型、盗号型、传播自身型木马。

12.4.3 计算机木马防治

随着病毒编写技术的发展,木马程序对用户的威胁越来越大,尤其是一些木马程序采用了极其狡猾的手段来隐蔽自己,使普通用户很难在中毒后发觉。

防治木马的危害,应该采取以下措施:

(1) 安装杀毒软件和个人防火墙,并及时升级。

(2) 把个人防火墙设置好安全等级,防止未知程序向外传送数据。

(3) 可以考虑使用安全性比较好的浏览器和电子邮件客户端工具。

(4) 如果使用 IE 浏览器,应该安装卡卡安全助手或 360 安全卫士等,防止恶意网站在自己计算机上安装不明软件和浏览器插件,以免被木马趁机侵入。

目前,对计算机木马进行查杀可分为手动删除和软件查杀两种方式。手动删除首先要找到感染文件,结束相关进程然后删除文件。目前互联网上出现了各种杀毒软件及木马查杀软件,可以借助这些安全工具进行查杀。在实际中,卡卡安全助手和 360 安全卫士应用较多。

12.5 防 火 墙

互联网的普及,网络已成为人们生活的一部分。然而在上网时用户的计算机可能存在安全隐患,在用户用 QQ 或 MSN 聊天时,黑客可能已侵入计算机,正在盗用资源或者数据,也许正在对计算机进行破坏。防火墙可以有效地控制个人用户计算机的信息在互联网上的收发。用户自己可以通过设定一些参数,从而达到控制本机与互联网之间的信息交流,阻止和杜绝一些恶意信息对本机的攻击,如 ICMP flood 攻击、聊天室炸弹、木马信息等。

12.5.1 防火墙类型

防火墙是指设置在不同网络(如可信任的企业内部网和不可信的公共网)或网络安全域之间的一系列部件的组合。它可通过监测、限制、更改跨越防火墙的数据流,尽可能地对外部屏蔽网络内部的信息、结构和运行状况,以此来实现网络的安全保护。防火墙总体上分为数据包过滤、应用级网关和代理服务器等几大类型。

1. 数据包过滤

数据包过滤(Packet Filtering)技术是在网络层对数据包进行选择,选择的依据是系统内设置的过滤逻辑,被称为访问控制表(Access Control Table)。通过检查数据流中每个数据包的源地址、目的地址、所用的端口号、协议状态等因素,或它们的组合来确定是否允许该数据包通过。数据包过滤防火墙逻辑简单,价格便宜,易于安装和使用,网络性能和透明性好,它通常安装在路由器上。路由器是内部网络与 Internet 连接必不可少的设备,因此在原有网络上增加这样的防火墙几乎不需要任何额外的费用。

数据包过滤防火墙的缺点有两个:一是非法访问一旦突破防火墙,即可对主机上的软件和配置漏洞进行攻击;二是数据包的源地址、目的地址以及 IP 的端口号都在数据包的头部,很有可能被窃听或假冒。

2. 应用级网关

应用级网关(Application Level Gateways)是在网络应用层上建立协议过滤和转发功能。它针对特定的网络应用服务协议使用指定的数据过滤逻辑,并在过滤的同时,对数据包进行必要的分析、登记和统计,形成报告。实际中的应用网关通常安装在专用工作站系统上。

数据包过滤和应用网关防火墙有一个共同的特点,就是它们仅仅依靠特定的逻辑判定是否允许数据包通过。一旦满足逻辑,则防火墙内外的计算机系统建立直接联系,防火墙外部的用户便有可能直接了解防火墙内部的网络结构和运行状态,这有利于实施非法访问和攻击。

3. 代理服务

代理服务(Proxy Service)也称链路级网关(Circuit Level Gateways)或 TCP 通道(TCP Tunnels),也有人将它归于应用级网关一类。它是针对数据包过滤和应用网关技术存在的缺点而引入的防火墙技术,其特点是将所有跨越防火墙的网络通信链路分为两段。

防火墙种类很多,常见的有 360 防火墙、瑞星防火墙、天网防火墙、诺顿防火墙等。

12.5.2　360 防火墙

360 网络防火墙集成在 360 安全卫士中,程序文件名 360Tray.exe,是一款保护用户上网安全的产品,在浏览网页、玩网络游戏、聊天时阻截各类网络风险。防火墙拥有云安全引擎,解决了传统防火墙频繁拦截,识别能力弱的问题,可以轻巧快速地保护上网安全。

1. 360 防火墙主要特点

360 防火墙主要特点如下:

(1) 智能云监控。拦截不安全的上网程序,保护隐私、账号安全。

(2) 上网信息保护。对不安全的共享资源、端口等网络漏洞进行封堵。

(3) 入侵检测。解决常见的网络攻击,让计算机不受黑客侵害。

(4) ARP 防火墙。解决局域网互相使用攻击工具限速的问题。

2. 360 防火墙的主要功能

360 防火墙的主要功能如下:

(1) 内核层拦截本机对外发送 ARP 攻击,及时查杀本机 ARP 木马;在系统内核层直接拦截由 ARP 木马从本机对外发送 ARP 攻击,供本机 ARP 木马病毒准确追踪和及时查杀,保持网络畅通及通信安全。采用内核拦截技术,本机运行速度不受任何影响。

(2) 内核层拦截外部对本机 ARP 攻击,追踪攻击者,发现攻击行为后,自动定位到攻击者 IP 地址和攻击机器名。

(3) 可自定义需要保护的网关,经常在多个网络环境中切换均可享受保护,如果在多个网络环境中切换,可以将这些网络环境对应网关均添加到保护列表中,全面保护各个网络环境不受 ARP 攻击。

(4) 动态显示 ARP 攻击状态,方便及时定位攻击来源,在 ARP 防火墙主界面动态显示 ARP 攻击状态,更方便及时定位当前攻击状况。

(5) 拦截通知可自行选择是否提示,方便网吧用户使用,拦截通知是否显示由用户决定,专为网吧用户设计,无打扰自动拦截 ARP 攻击,保护用户上网安全、无扰。

(6) 全新界面,全新感受全新界面,采用与 360 安全卫士统一清新风格。

只要设置防火墙的规则,软件就会按照要求进行拦截处理,自动保护计算机系统的安全。设置防护规则后,还可以设置计算机在每次开机后自动启动防火墙,确保系统处于防护状态。有时为了方便资源共享和计算机互访,也可以随时关闭防火墙,待完成操作后再随时打开防火墙，可以根据具体情况进行设置。

360 防火墙安装完成后，主界面如图 12.7 所示。

图 12.7　360 防火墙

一般选择默认当前状态就可以了，其实经过修改的自定义 IP 规则与默认中级的规则是一样的。设置完成后，防火墙就可以保护计算机系统了。

思　考　题

1. 什么是计算机病毒？它有哪些危害？
2. 常见的杀毒软件有哪些？各有什么特点？
3. 什么是木马？它对计算机系统有什么危害？
4. 常见的木马查杀软件有哪些？它们有什么特点？
5. 什么是防火墙？360 防火墙有什么特点？

计算机安全

第13章 常见故障检测与处理

【教学目标】

(1) 了解计算机常见故障及原因。

(2) 掌握计算机故障的检测方法。

【主要教学内容】

计算机常见故障及原因；计算机故障的检测方法。

13.1 常见故障及原因

计算机故障分为硬件故障和软件故障,有时它们是相互联系的,如软件参数设置不对,导致硬件不能正常工作。

硬件故障的一般原因有：接触不良,硬件正常工作的参数设置不当(如 CPU 工作频率、硬盘参数、硬盘访问模式、内存参数、数据传输模式等),系统 BIOS 不能支持新硬件,硬件损坏,硬件相互之间不兼容等。

软件故障的一般原因有：相应硬件的驱动程序没有安装或安装错误(如主板芯片组补丁程序、显卡、声卡、无线网卡驱动程序等),软件自身的缺陷,硬件没有满足软件对它的要求(显示分辨率颜色数、操作系统能管理的硬盘大小等),操作不当(如错误地删除系统中的文件),计算机病毒的干扰等。

1. 启动黑屏故障

(1) 开启电源开关时,电源指示灯不亮：电源故障；总线槽中的扩展卡故障引起电源保护。

(2) 开机黑屏且无声音提示：BIOS 被病毒破坏；BIOS 升级失败；主板损坏；CPU 故障等。

(3) 开机黑屏但有声音提示：显示器亮度和对比度被调到了最小；显卡松动或显卡故障；内存松动或内存故障；主板或 CPU 异常。

(4) 开机时,电源指示灯亮一下就灭了,主机电源的风扇转一下就停了；主机内有(如主板、扩展卡、硬盘、光驱等)短路现象,出现这种现象是主机电源的保护功能。

2. 显示类故障

(1) 显示器电源灯不亮：电源线松动；显示器电源问题。

(2) 显示器只有亮点或亮线：显示器控制电路故障。

(3) 显示器花屏：液晶板损坏。

(4) 开机后显示器黑屏,而主机电源指示灯正常：主板故障(如 BIOS 系统被病毒破坏）；显示器故障；显卡故障；内存故障；CPU故障。

（5）显示偏色：液晶面板周围受力不均；显示器品质不高。

（6）显示颜色失真：设置的颜色数太少,请设置为24位或32位色。

（7）显示某些界面超出了屏幕：分辨率设置太低,请设置为1280×800或1366×768或更高。

（8）显示闪烁太强（眼睛容易疲劳）：显卡品质不高。

（9）显示模式不能调整到更高的颜色数（如16位、24位或32位色）或更高分辨率（如1024×768、1280×1024、1366×768等）：显卡RAM不够,高分辨率和高颜色数不可兼得；显卡驱动程序没有安装或安装版本不正确。

3. 计算机启动故障（硬盘/光驱）

（1）U盘引导故障：CMOS中引导次序不对；U盘不是系统盘；U盘损坏。

（2）硬盘引导故障：CMOS中硬盘参数设置错；硬盘信号排线或电源线没有正确插入；硬盘没有分区和格式化并传送操作系统；硬盘引导分区没有被激活；硬盘系统文件不全；硬盘主引导记录被破坏（如病毒的侵入）；硬盘控制器或硬盘坏。

（3）光盘引导故障：使用的光盘不是可引导光盘；BIOS不支持CD-ROM引导；CMOS中引导次序设置不当（应设置为CD-ROM,C）；光驱的信号排线或电源线没有正确插入；光盘坏；光驱坏。

4. 打印故障

（1）打印机联机失败：计算机病毒干扰；联机按钮没有按下；打印电缆问题；数据接口问题。

（2）打印机夹纸：纸太软（应使用打印纸或复印纸）；纸受潮；纸不平整；针式打印机应该根据纸的厚度调整打印头与滚筒之间的距离。

（3）打印文表不正常（字靠上或靠下）：安装打印机随机附带的驱动程序。

（4）打印出现乱码：打印字库问题；计算机病毒干扰；打印电缆太长；打印机控制电路问题。

（5）打印时出现随机乱码、错行或换页：计算机病毒干扰；数据传输模式不正确（在CMOS中设置）；打印机控制电路问题；温度太高或温度太低。

（6）打印字迹不清：①针式打印机,可能是断针、打印针磨损、控制出针的线圈烧毁、滚筒磨损、打印头离滚筒距离太远（有调整杆）、色带使用时间太长等；②喷墨打印机,可能是墨水用尽、喷头被堵（可用喷墨打印机的自动清洗喷头功能清洗）；③激光打印机,可能是碳粉快用完了或硒鼓损坏。

5. 硬盘类故障

开机自检时没有发现硬盘：CMOS中硬盘参数设置不当；硬盘数据线或电源线没有正确插入；两个外存设备（如一个硬盘和一个CD-ROM）使用同一根信号排线但都设置为相同的主从设备；硬盘坏；硬盘控制通道坏。

光盘启动后找不到硬盘：硬盘没有分区和格式化；硬盘分区表坏；硬盘坏。

硬盘读写错：硬盘参数错；硬盘有丢失簇或丢失簇链；硬盘有坏道；硬盘数据线过长；硬盘与光驱使用同一根信号电缆,但是传输数据类型不同；信号电缆被拉变形。

安装大硬盘时失败：BIOS不支持大硬盘。

6. CMOS 类故障

CMOS 设置导致系统不稳定：内存不能和系统时钟同频率工作；通过 CMOS 设置设定 CPU 工作频率的主板，超频也会引起系统不稳定；硬盘的访问模式超过了当前硬盘能实现的传输模式；USB 数据传输模式设置不当会引起打印故障。

7. 添加新硬件出现故障

添加声卡、网卡或显卡时，Windows 找不到设备或不能正常关机：添加的新设备与计算机中原有设备的 IRQ 或端口地址冲突。

添加网卡或硬盘还原卡时，计算机不能启动：ROM 地址有冲突。

8. 键盘鼠标故障

键盘故障：键盘个别键坏；键盘信号线插头有针被插弯了；键盘电路故障。

鼠标故障：没有安装鼠标驱动程序或鼠标驱动程序有 Bug（这里指错误或缺陷）；鼠标光电收发器件故障；鼠标垫反光效果不符合要求；鼠标信号线插头有针被插弯了；鼠标太脏；鼠标坏。

9. 光驱(CD-ROM)故障

读盘故障：驱动程序没有安装(DOS 下)；光驱的信号排线或电源线没有正确插入；光盘坏；光驱挑盘；光驱坏(光头老化的可能性大)。

访问光驱后系统死锁(鼠标不能移动)：不支持 UDMA 的光驱被设置为 UDMA 工作模式；不支持 UDMA 的光驱和支持 UDMA 的硬盘使用同一根信号电缆。

音箱有 Windows 启动提示音，但播放 CD 时却没有声音：CD-ROM 与声卡之间的音频线没有正确连接；声音控制面板中 CD Audio 被设置为静音。

10. 计算机运行不稳定

死机原因：CPU 散热不好；内存品质不好；多个内存条间不兼容；内存工作参数太高(CMOS 中可调整，如把 SDRAM CAS Latency 项设置为 3T 试试)；超频后硬盘不能工作在原来的传输模式(可考虑降低一级)；主板或其他组件本身不稳定；电源供电功率不够，使得访问硬盘或光驱时死机；计算机病毒干扰。

Windows 下随机蓝色背景错误提示：内存品质不高；主板芯片组的补丁程序没有安装。

开机几次才能成功：插件接触不良(包括 CPU、扩展卡、内存和主板电源插头等)；供给主板电源的电源好(POWER GOOD)信号不正常(主板电源插头上的橙色线)；主板不稳定。

13.2　计算机故障的检测方法

13.2.1　排除故障操作流程

1. 排除硬件故障操作流程

(1) 切断电源。

(2) 佩戴防静电手套，如果不具备，可用手接触暖气片等物体释放身体静电。

(3) 特别注意计算机组件的插入方向(所有的电源插头、CPU、内存条，鼠标、键盘和显示信号电缆的插头,硬盘、软驱、光驱的信号排线。)

（4）轻拿轻放、轻拔轻插计算机各个组件。

（5）不得有导体（如螺丝）遗留在主机箱、显示器、打印机或电源内。

（6）不清楚的地方,要改变设置,应做好记录,以便能恢复到原来的状态。

（7）使用烙铁时,应使用防静电恒温烙铁。

（8）万用表最好使用数字万用表。

2. 排除软件故障操作规程

（1）因为排除软件故障时可能会丢失数据,操作前一定先做好数据备份（FDISK、FORMAT、删除数据、硬盘整盘复制、软盘整盘复制、清除一些特殊病毒等操作）。

（2）在 Windows 下重新安装某个软件时,最好先卸载原来安装的软件。

13.2.2 计算机故障的常用检测方法

1. 清洁法

对于使用时间较长的计算机,主板、电源、散热风扇和外设上有很多灰尘,或由于潮湿等原因使接插部位被氧化,引起接触不良,可采用毛刷或强力吹风机清洁,也可以使用无水酒精擦洗。CD-ROM 可以使用专用的带一撮软刷毛的清洗盘清洗激光头,总线槽上扩展板的金手指使用橡皮擦拭,这些方法可以解决很多因接触不良引起的问题。

2. 观察法

很多计算机的故障可以通过观察能够发现问题所在,这里说的观察是指看、听、摸、闻。

看：观察计算机各个部件的插头或连线是否正确,显卡、声卡、Modem 卡、内存条等是否松动或歪斜,有无短路的导体（如螺丝）,有无虚焊和脱焊,有无元件烧焦,有无电路板冒烟,电路板有无腐蚀等,若电源保险被烧断,可以根据保险管是烧爆、烧黑或一般烧断判断殃及元件的多少。

听：计算机启动时喇叭的声音提示（如 Award BIOS 的主板,"嘟"一声为正常,多声则有故障）,硬盘运作的响声（不同品牌的硬盘的声音有所不同）,风扇的声音是否正常。

摸：用手去触摸 CPU、芯片组和显卡主芯片的温度是否非常烫手,用手去感觉芯片是否松动。

闻：刚出现问题的机器,如果发出异味,就有短路的可能。

3. 拔插法

计算机的很多故障是由于组件接触不良,拔插法就是指：逐一拔出总线槽上的扩展卡,如故障解除,说明问题出在刚被拔出的那块卡子上,如拔到只剩下显卡时,故障依然,就可以怀疑问题出现在显卡或主板上,若内存条有多条,也可以采用上述方法。可把怀疑的部件全部拆下来（如 CPU、内存条、显卡、网卡、声卡等）,再重组装（或换一个插槽插入）,可能故障解除。

4. 交换法

如果怀疑某个部件有问题,可将其拆下,装在其他机器中运行正常的相同部件,故障解除,说明判断正确。常用交换法判断故障的部件有 CPU、内存、显卡、声卡、网卡、硬盘等。

5. 对比法

同类型的计算机,或安装相同软件环境的计算机,它们的设置和运行环境可以相互对比

常见故障检测与处理

借鉴,包括 CMOS 参数设置、硬件驱动程序、网络协议等都可以对比借鉴。

6. 测试法

测试法分为仪器测试和软件测试。利用仪器测试计算机组件上的元件是否被损坏,如使用插在总线槽上的测试卡检查主板是否正常;软件测试是在显示正常的情况下,使用软件测试计算机部件是否正常,并显示测试报告。

计算机故障诊断是一项经验性较强的工作,只有不断观察,不断总结,才能够准确判断故障产生的原因并做出正确的处理方法。

参 考 文 献

[1]　王中生,刘昭斌.计算机组装与维护教程.北京:清华大学出版社,2007.

[2]　宋强,倪报童.计算机组装与维护标准教程(2013—2015版).北京:清华大学出版社,2014.

[3]　杨继萍,夏丽华.计算机组装与维护标准教程(2015—2018版).北京:清华大学出版社,2015.

[4]　王中生,马静.多媒体技术应用基础.第2版.北京:清华大学出版社,2012.

图书资源支持

感谢您一直以来对清华版图书的支持和爱护。为了配合本书的使用，本书提供配套的资源，有需求的读者请扫描下方的"书圈"微信公众号二维码，在图书专区下载，也可以拨打电话或发送电子邮件咨询。

如果您在使用本书的过程中遇到了什么问题，或者有相关图书出版计划，也请您发邮件告诉我们，以便我们更好地为您服务。

我们的联系方式：

地　　址：北京海淀区双清路学研大厦 A 座 707

邮　　编：100084

电　　话：010－62770175－4604

资源下载：http://www.tup.com.cn

电子邮件：weijj@tup.tsinghua.edu.cn

QQ：883604（请写明您的单位和姓名）

用微信扫一扫右边的二维码，即可关注清华大学出版社公众号"书圈"。

资源下载、样书申请

书圈